Piers Bizony

Die Internationale Raumstation

Eine Vision wird Wirklichkeit

BLV

Piers Bizony

Die Internationale Raumstation

Eine Vision wird Wirklichkeit

Die Deutsche Bibliothek – CIP-Einheitsaufnahme

Die Internationale Raumstation : eine Vision wird Wirklichkeit /
Piers Bizony. [Übers. und Bearb. der dt. Ausg.: Margit Röser].
München ; Wien ; Zürich : BLV, 1997
Einheitssacht.: Island in the sky <dt.>
ISBN 3-405-15249-6

BLV Verlagsgesellschaft mbH
München Wien Zürich
80797 München

Titel der englischen Originalausgabe:
Island in the Sky
This book has been produced by Aurum Press Limited
25 Bedford Avenue London WC1B 3AT

Übersetzung und Bearbeitung der deutschen Ausgabe: Margit Röser
Lektorat: Dr. Friedrich Kögel
Herstellung: Sylvia Hoffmann
DTP: Satz + Layout Peter Fruth GmbH, München
Einbandgestaltung: Studio Schübel, München, unter Verwendung eines Fotos (Erde aus dem All gesehen) von Image Life/Bavaria

Printed in Hong Kong · ISBN 3-405-15249-6

INHALT

VORWORT

Wir stehen im Begriff, das größte und teuerste Weltraumprojekt seit der ersten Apollo-Mondlandung 1969 zu starten. Es wird die größte internationale wissenschaftliche und technologische Kooperation in der friedlichen Geschichte sein. Amerika und Rußland, lange Zeit die Hauptgegner in einem weltweiten Kalten Krieg, werden sehr eng zusammenarbeiten – gemeinsam mit Kanada, Japan, Deutschland, Frankreich, Italien und sieben weiteren europäischen Ländern. Dieses Projekt ist die Internationale Raumstation. Ihr Bau wird mehr als 20 Milliarden Dollar verschlingen, Unterhalt und Betrieb über die geplante fünfzehnjährige Betriebszeit vielleicht noch einmal so viel.

Die ersten Pläne für die Station stammten von amerikanischen Ingenieuren, die sie als eine um die Erde kreisende Garage für Mond- und interplanetare Raumfahrzeuge nutzen wollten. Doch in den letzten Jahren wurde ihre Hauptaufgabe auf Aktivitäten umdirigiert, die eher Aussichten auf einen unmittelbareren praktischen Nutzen bieten: insbesondere medizinische Forschung in schwereloser Umgebung, die möglicherweise zu besseren Medikamenten und Behandlungsmethoden führt. Seit Präsident Ronald Reagan 1984 seine Zustimmung zum Bau einer Raumstation gab, haben amerikanische Politiker erbittert über ihren Nutzen gestritten. Ist der Zugang zur Schwerelosigkeit wirklich 20 Milliarden Dollar wert, oder kann das Geld anders besser ausgegeben werden? Vielleicht liegt der wahre Wert des Projekts nicht so sehr in seinen Möglichkeiten als Forschungsplattform, sondern als Werkzeug der Geopolitik? Die wissenschaftlichen Begründungen sind mit diplomatischen und kommerziellen Faktoren verquickt worden, die weniger mit dem zu tun haben, was im Weltraum geschieht, als mit Ereignissen hier am Boden.

Aber die Raumstation ist im Werden. All die papierenen Pläne sind in konkrete Bauteile umgewandelt worden. In Fabriken rings um die Welt nähert sich eine Unzahl von Modulen, Laborabteilen, Solarzellenflächen, Kopplungsringen und anderen Ausrüstungsgegenständen der Vollendung. Die erste Komponente, ein von Rußland gebautes Antriebs- und Stromversorgungsmodul, soll im Juni 1998 gestartet werden. Bis Dezember 1998 wird ein russisches Servicemodul mit einem kleinen provisorischen Wohn- und Arbeitsabteil angefügt sein, zusammen mit amerikanischen Kopplungsadaptern und Solarzellen. Im Laufe der nächsten vier Jahre wird Amerika zwei große Module ankoppeln, eins für wissenschaftliche Forschungen und das andere als dauerhaftes Wohnabteil. Europa und Japan werden zwei weitere Labormodule liefern, die dazwischen eingebaut werden, zusammen mit Kanistern zur Lagerung von Ausrüstung und Experimentenplattformen, die keine Luft zum Atmen enthalten.

Die endgültige Struktur mit ihren langen, gitterartigen Metallträgern und weit ausladenden Solarzellenfeldern wird 460 Tonnen wiegen und eine Fläche so groß wie zwei Fußballfelder überdecken. Der Raum im Inneren zum Leben und Arbeiten, ein weit auseinandergezogenes Gewirr von Laboratorien, Schlafabteilen, Waschräumen, Kuppeln, Tunneln und Luftschleusen, wird insgesamt dem Kabinenraum zweier Jumbo-Jets entsprechen. Alles in allem werden 38 größere Raketenflüge nötig sein, um die Raumstation in Betrieb zu nehmen, wobei mindestens vier verschiedene Startfahrzeuge Verwendung finden, bemannte und unbemannte, die von drei Kontinenten aus abgefeuert werden. Eins davon, eine europäische Rakete, wird eine brandneue Konstruktion mit den allermodernsten Triebwerken sein, die sogar noch fortschrittlicher sind als die von der amerikanischen Raumfahrtbehörde NASA eingesetzten Antriebssysteme. Am anderen Ende der Skala wird Rußland Raketen benutzen, die ursprünglich für militärische Zwecke gebaut wurden, sowie beengte Mannschaftskapseln aus den frühsten Tagen der Weltraumforschung.

Die Raumstation verspricht ein unglaublicher Apparat zu werden, kompliziert, ehrgeizig, ehrfurchtgebietend – genau die Art von Projekt, die wir bei Anbruch eines neuen Jahrtausends vielleicht erwarten. Doch es sind große Risiken zu überwinden, und das gesamte Projekt ist von verwirrenden Widersprüchen geplagt.

Das vorliegende Buch untersucht die Ursprünge der Station, nicht einfach nur als ein Weltraumunternehmen, sondern auch als Produkt politischer und industrieller Kräfte. Die Geschichte wird hauptsächlich vom amerikanischen Standpunkt aus erzählt, insbesondere aus der Sicht der NASA, die als erste den Bau der Station vorgeschlagen hatte. Doch das soll nicht heißen, daß die Weltraumbehörden Europas, Kanadas und Japans weniger wichtig für die Entwicklung der Station seien. Was Rußland betrifft, so haben seine Ingenieure wesentlich mehr Erfahrung beim Bau von Weltraumstationen als die amerikanischen, und ihre wichtigen Programme werden in diesem Buch ebenfalls besprochen.

DANKSAGUNG

Ich schulde Dutzenden von Leuten innerhalb der NASA und anderen Organisationen Dank, daß sie mir so viele Einblicke in das Weltraumstationsprogramm gewährten und mir wesentliches dokumentarisches und fotografisches Material zur Verfügung stellten. Connie Moore vom Photographic Records Office im Washingtoner Hauptquartier der NASA ermöglichte mir vollen Zugang zu Tausenden von Bildordnern und bearbeitete meine Wünsche dann mit großer Schnelligkeit. Dr. Roger Launius vom NASA History Office in Washington stellte wertvolle Dokumentationen zur Verfügung, die meisten aus Quellen, die völlig unabhängig von der NASA selbst sind. Dr. Michael Wright gewährte mir eine ebensolche Unterstützung durch das History Office des Marshall Spaceflight Center in Huntsville, Alabama. In Washington unterrichtete mich Ray Castillo gründlich über den Fortgang der Raumstation. Am Johnson Space Center in Houston lieferte mir Mike Gentry eine Menge Fotos. Fred Ordway machte mich mit Personal aus Huntsville bekannt. Rose Gottemoeller vom International Institute for Strategic Studies in London verdanke ich wichtige Einsichten und Dokumentationen über die Beziehungen zwischen Amerika und Rußland. Tim Furniss, Weltraumredakteur der Zeitschrift *Flight International,* beantwortete mir zahlreiche Fragen. Was die Zulieferfirmen betrifft, die die Raumstation tatsächlich bauen, so waren die für Öffentlichkeitsarbeit zuständigen Mitarbeiter bei Boeing, McDonnell Douglas und Rockwell unermüdlich in ihrer Hilfe.

Ich danke Simon Atkinson, der einige hervorragende Bleistiftzeichnungen für dieses Buch anfertigte. Mein Dank geht auch an David Hardy für die großartigen künstlerischen Darstellungen. Die Novosti-Presseagentur in London und die Science Photo Library stellten wichtige Fotos der außeramerikanischen Weltraumausrüstungen zur Verfügung.

EINE RADFÖRMIGE WELTRAUMSTATION.

DAS LETZTE NEULAND

In den fünfziger Jahren träumten Raketenexperten von der Gründung einer betriebsamen Infrastruktur in der Erdumlaufbahn, einem »Umsteigebahnhof«, wo Weltraumbesatzungen riesige Schiffe bauen konnten, die zum Mond und darüber hinaus fliegen sollten. Die Schlüsselkomponente sollte eine große rotierende Weltraumstation sein, die von geflügelten Raketenfähren versorgt wird. Verschiedene Versionen all dieser Vorstellungen erschienen in Büchern und populären Zeitschriften. Nach 1961 wurde die Landung auf dem Mond zu einem vorrangigen nationalen Ziel, doch eine Weltraumstation war nicht mehr nötig.

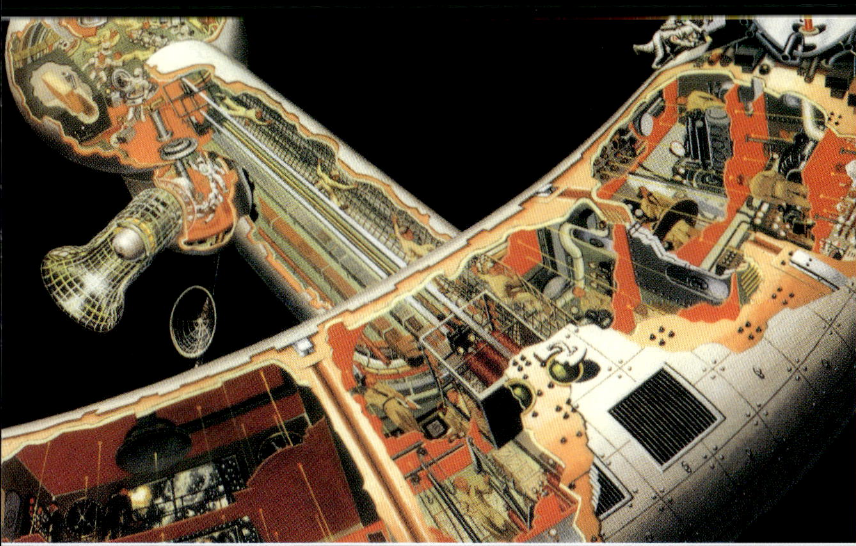

DAS LETZTE NEULAND

»Wissenschaftler und Ingenieure wissen jetzt, wie man eine Station im Weltraum baut, die die Erde in einer Höhe von 1075 Meilen umkreist. Dieses Vorhaben würde zehn Jahre beanspruchen und doppelt soviel kosten wie die Atombombe. Wenn wir es durchführen, können wir damit den Frieden bewahren und einen großen Schritt zur Einigung der Menschheit tun.«

Ein solches Zitat könnte leicht der jüngsten Presseverlautbarung der NASA zur Weltraumstation entnommen sein, doch diese spezielle Vision wurde vor mehr als 40 Jahren in einer Artikelreihe von *Collier's,* einer damals populären Zeitschrift, einem breiten Publikum präsentiert. Zwischen 1952 und 1954 veröffentlichte sie sieben große Weltraumartikel, darunter auch Beschreibungen einer Mondkolonie und einer Mission zum Mars. Raketenexperten und Science-fiction-Enthusiasten waren solche Vorstellungen seit den dreißiger Jahren vertraut, aber mit den Artikeln in *Collier's* wurde vielleicht zum ersten Mal die breite Öffentlichkeit ernsthaft dazu aufgefordert, Raketenschiffe und Raumstationen sowie Reisen zum Mond als Elemente einer nationalen Politik anzusehen.

Collier's verkaufte regelmäßig 3 Millionen Exemplare pro Monat. Als Familienzeitschrift wurde sie damit von vielleicht 15 Millionen Menschen gelesen. Die Weltraumartikel führten zu einer Reihe populärer Bücher und Fernseh-Shows (darunter eine einflußreiche Weltraumdokumentation von Walt Disney) und trugen zweifellos dazu bei, die amerikanischen Steuerzahler darauf vorzubereiten, die kommenden Kosten des Weltraumzeitalters zu akzeptieren. Der erste Artikel vom 22. März 1952 trug den Titel »Überschreiten der letzten Grenze«.

In *Collier's* umriß der aus Deutschland stammende Raketeningenieur Wernher von Braun seine höchsten Ziele für eine friedliche Nutzung der Raketentechnologie. Seine Ideen wurden von den Illustratoren Chesley Bonestell, Rolf Klep und Fred Freeman in farbigen Bildern zum Leben erweckt. Von Braun stellte sich eine radförmige Raumstation vor, die sich langsam um ihre Achse dreht, wobei die Besatzung in den Genuß der durch die Rotation erzeugten künstlichen Schwerkraft kommt. Ein berühmtes Gemälde von Bonestell zeigt die Station, die von geflügelten Raketenfähren versorgt wird, während im Vordergrund drei riesige Landungsschiffe auf ihren Flug zum Mond »innerhalb der nächsten 25 Jahre« vorbereitet werden.

Solche Vorstellungen verdankten ihre Entstehung nicht nur der Raketenwissenschaft, sondern auch dem romantischen Bild Amerikas von seinen Ursprüngen – Kolumbus, die Mayflower, der Pfad der Pioniere. Eine kleine Flotte von Schiffen segelt über den Ozean, um neues Land zu entdecken; an der Landungsstelle wird eine Siedlung gegründet; die Siedlung wird zur Stadt; das Landesinnere bietet Reichtümer, und eine geschäftige Handelsroute zum Heimathafen der Flotte wird eingerichtet. Mit der Zeit kommen weitere Schiffe mit Siedlerfamilien an, die die neuen Territorien bevölkern. Bis in die späten siebziger Jahre sprachen Theoretiker noch von der »Eroberung« und der anschließenden »Kolonisierung« des Weltraum-»Neulandes«. Stets waren in ihren

Plänen Treibstoffgewichte, Raketenschubkräfte, Bahnhöhen und Geschwindigkeiten exakt berücksichtigt. Wie der bekannte Futurologe und Science-fiction-Schriftsteller Arthur C. Clarke betonte, war »keine menschliche Großtat jemals schon vor ihrer Verwirklichung so gut dokumentiert wie die Weltraumfahrt.«

DAS PROFIT-PROBLEM

Der Fehler an diesen Plänen war offenkundig: Wo blieb der Handel? Was sollten Raumschiffe im Gegenzug zu den hohen Investitionen, die ihr Start erforderte, zurückbringen? Dieses grundlegende ökonomische Problem ließ sich auch durch noch soviel romantische Sprache nicht wegwünschen. *Collier's* bewies zwar selbst dem skeptischsten Publikum, daß Weltraumfahrt möglich war und daß es viele gute wissenschaftliche und intellektuelle Gründe dafür gab. Doch es gab offenbar keine einfache Möglichkeit, die Ausgabe der enormen Summen zu rechtfertigen, die der Bau einer riesigen Raumstation oder einer Flotte von Mondfähren verschlingen würde, ganz zu schweigen von Schiffen, die zum Mars fliegen sollten. Schließlich schickte dann die Politik und nicht der Kommerz die Menschheit in den Weltraum. Von Braun mag überrascht gewesen sein, als dann Raketen den Mond 8 Jahre vor seinem in *Collier's* angegebenen Stichtag erreichten.

EINE RAUMSTATION AUF DER KINOLEINWAND.
Der Science-Fiction-Film *2001: Eine Odyssee im Weltraum* von Stanley Kubrick und Arthur C. Clarke zeigte 1968 ein riesiges Hotel in der Erdumlaufbahn, das von geflügelten Raketenfähren versorgt wurde. Die Radgestalt wurde von den Plänen in *Collier's* übernommen. Noch immer kommt einem diese Art Bild in den Sinn, wenn man das Wort »Raumstation« hört. Doch die echte Station wird, wenn sie einmal fertig ist, sehr viel kleiner und weniger luxuriös sein

ERSTER IM WELTRAUM

Die ersten tatsächlichen Schritte in den Kosmos sollten sich jedoch sehr von allem unterschieden, was die Leser von *Collier's* sich vielleicht je vorstellten – oder gar befürchteten. Am 4. Oktober 1957 startete die Sowjetunion Sputnik, den ersten Satelliten der Welt. Die Eroberung des Weltraums wurzelte nicht in Handel oder Wirtschaft, noch nicht einmal in wissenschaftlichem Ertrag, sondern einfach in politischen Posen. Die wirtschaftlichen Argumente für den Bau von Raketen kehrten sich seltsam um. Indem sie die enormen Kosten dieser abstrakten Abenteuer ohne Aussicht auf einen wirklichen finanziellen Gewinn akzeptierten, machten sich Rußland und Amerika daran zu beweisen, was ihre rivalisierenden Wirtschafts- und Gesellschaftssysteme unten auf der Erde zu leisten vermochten.

Die Reaktion der amerikanischen Bevölkerung und Presse auf den Start von Sputnik war äußerst stark und größtenteils besorgt. Präsident Eisenhower dagegen konnte nicht verstehen, warum solch ein winziger, harmloser Satellit soviel Wirbel verursachte. Er hatte kaum Interesse an Weltraumunternehmungen und war überzeugt, daß dieses »alberne« sowjetische Experiment nach einer Weile im Sande verlaufen würde. Aber er irrte sich.

Eisenhowers beharrlichster Kritiker im Kapitol, zumindest in Weltraumfragen, war Senator Lyndon Johnson, der eine Reihe einflußreicher Reden zugunsten eines erweiterten Raketenprogramms hielt. »Erster im Weltraum heißt Erster in allem«, mahnte er nachdrücklich. 1958 wurden Amerikas desorganisierte Weltraumprojekte unter einer zivilen Behörde zusammengezogen, der »National Aeronautics and Space Administration« (NASA). Einen Großteil ihrer Stärke verdankte die neue Agentur dem gesetzgeberischen Geschick Johnsons.

Ein Jahr später stimmte Präsident Eisenhower zögernd einer neuen Rakete mit Namen »Saturn« zu, die von Wernher von Brauns Team konstruiert werden sollte. Im Gegensatz zur populären historischen Sichtweise war das frühe Saturn-Programm nicht speziell auf eine Reise zum Mond ausgerichtet. Innerhalb der NASA wuchs zwar die Überzeugung, daß eine Landung auf dem Mond tatsächlich möglich sein könnte, aber die Chefs der Behörde beschlossen, politische Diskretion zu üben. Im Dezember 1959,

WIE ES HÄTTE SEIN KÖNNEN. Dieses von Chesley Bonestell für *Collier's* geschaffene Gemälde zeigt drei fast fertig montierte Mondfähren in der Erdumlaufbahn; im Hintergrund schweben die Raumstation und zwei geflügelte Transportraketen. In den fünfziger Jahren waren Wernher von Braun und seine Kollegen davon überzeugt, daß der Mond nicht direkt von der Erde aus erreicht werden könnte, da jede Startrakete, die ausreichend Treibstoff für die gesamte Reise mit sich führte, zu schwer wäre, um vom Boden abzuheben. Man würde große Mondfährschiffe in der Umlaufbahn über der Erde zusammenbauen und die Bauteile mit kleineren Transportraketen hinaufbringen müssen. Die Erbauer dieser Schiffe würden in »Weltraumstationen« leben, wie die Pioniere in einer neuen Siedlung an der Grenze zu unerschlossenem Land. Die Mondschiffe wären stark genug, um Bauelemente für eine große, dauerhafte wissenschaftliche Basis auf die Mondoberfläche zu transportieren. In der Zwischenzeit würde die Raumstation für die Menschen auf der Erde als Kommunikationsrelais und Navigationsleuchtfeuer dienen.

am Ende seiner achtjährigen Herrschaft im Weißen Haus, machte Präsident Eisenhower deutlich, daß er ein solches Projekt niemals genehmigen würde.

Aber all diese Vorsicht wurde durch die Raketenaktivitäten der Sowjetunion zunichte gemacht. Was unbemannte Satelliten betraf, hatte die NASA zwar aufgeholt. Doch am 12. April 1961 schlugen die Sowjets Amerika erneut, indem sie den »Kosmonauten« Juri Gagarin in einer kugelförmigen, silberbeschichteten Kapsel namens »Wostok« in eine Erdumlaufbahn schossen. Und das war nicht das einzige, was dem neuen demokratischen Präsidenten Amerikas, John F. Kennedy, Sorgen bereitete. Weniger als eine Woche nach dem erfolgreichen Flug Gagarins wurde eine von der CIA unterstützte Söldnertruppe zerschlagen, als sie versuchte, in Fidel Castros Kuba einen Aufruhr anzuzetteln.

DER VATER DER SATURN. Wernher von Braun baute für Nazi-Deutschland die V2-Rakete. 1945 ergab er sich zusammen mit vielen Mitgliedern seiner Arbeitsgruppe den amerikanischen Truppen. Seit Ende der fünfziger Jahre durfte von Braun an zivilen amerikanischen Weltraumprogrammen arbeiten. Er wurde Chef des Marshall Spaceflight Center der NASA, wo der Bau der Saturn-Rakete vorangetrieben wurde, die Apollo zum Mond trug.

Kennedy war bemüht, die Aufmerksamkeit von dem kubanischen Fiasko abzulenken und das nationale Prestige wiederherzustellen. Am 20. April sandte er ein Memorandum an Lyndon Johnson, jetzt Vizepräsident, in dem er ihn bat, Möglichkeiten zu erkunden, wie die USA eine Führung im Weltraum erreichen könnten: »Haben wir eine Chance, die Sowjets zu schlagen, indem wir ein Laboratorium im Weltraum stationieren oder durch einen Flug um den Mond oder durch eine Raketenlandung auf dem Mond? Gibt es irgendein anderes Weltraumprogramm, das dramatische Ergebnisse verspricht und bei dem wir gewinnen können?«

3 Wochen später, am 5. Mai, schoß die NASA Alan Shepard in den Weltraum, allerdings nicht in eine volle Umlaufbahn. Shepard flog 15 Minuten lang in einer winzigen Kapsel, der »Mercury«, die an der Spitze einer umgebauten Redstone-Interkontinentalrakete emporgetragen wurde. Es war ein plumper Flug, aber er reichte aus, um Amerikas Selbstbewußtsein wiederherzustellen. Die Ingenieure der NASA hatten ihre Versprechen gehalten, und das in der lobenswert kurzen Zeit von weniger als 3 Jahren. Aber Mercury war nicht genug. Amerika war nicht Erster gewesen.

Kennedy wurde durch den erfolgreichen Flug Alan Shepards ermutigt. Er prüfte die Möglichkeiten für zukünftige Weltraumprogramme, die ihm von Lyndon Johnson genannt worden waren. Das »Laboratorium im Weltraum« war eine realistische Option, erschwinglich und von wissenschaftlichem Nutzen, aber es bestand sehr wohl die Möglichkeit, daß sowjetische Ingenieure selbst eins bauen könnten. Und für Kennedy schien es nicht die geforderten »dramatischen Ergebnisse« zu versprechen. Am 25. Mai 1961 gab er dann in einer berühmten Rede vor dem Kongreß seine Entscheidung über die Weltraumpolitik bekannt: »Ich meine, daß diese Nation sich verpflichten sollte, das Ziel zu verwirklichen, noch vor Ende dieses Jahrzehnts einen Menschen auf dem Mond zu landen und ihn unversehrt zur Erde zurückzubringen.«

DAS APOLLO-PROJEKT

Wernher von Braun wußte, daß eine leistungsfähigere Version der Saturn wahrscheinlich den Mond erreichen konnte, aber niemandem war bislang klar, wie man irgendein Teil von ihr sicher dort landen lassen könnte. Das Mondfahrzeug müßte auf seinem Heck landen und später ohne die Hilfe einer Startrampe und Bodenmannschaft wieder abheben. Es müßte auch schweren Treibstoff und Ausrüstung für die Rückreise mit sich führen – ebenfalls ein Problem für sich.

Während des Jahres 1961 ersannen John Houbolt und eine kleine Gruppe von Mitarbeitern dann die Grundlage für ein Landesystem, das aus ultraleichten Teilen gebaut war. Mit ihm würden weder mehrere Starts noch der Bau von irgendwelchen Komponenten in der Erdumlaufbahn nötig sein. Das Grundkonzept war das sogenannte »Rendezvous in der Mondumlaufbahn« (Lunar Orbit Rendezvous, LOR). Das Schöne an dem LOR-Konzept war, daß es seinen eigenen »Umsteigebahnhof« enthielt. Die schwere Kapsel für den Wiedereintritt in die Erdatmosphäre und all ihre Systeme für die Rückreise zur Erde würden in der Umlaufbahn um den Mond geparkt werden, während eine separate Landefähre zur Oberfläche hinabstieg. Dann würde die oberste Stufe der Landefähre – eine derart leichte und zerbrechliche Struktur, daß man mit einem Schraubenzieher ein Loch in ihre Hülle bohren könnte – wieder heraufkommen und sich mit dem Mutterschiff für die Rückreise treffen. Danach würde sie abgeworfen werden. Es war perfekt, mit Ausnahme des extremen Risikos, daß die Landefähre das Mutterschiff wiederfinden mußte, eine Aufgabe, die weit mehr Navigationsgenauigkeit erforderte als die Suche nach der sprichwörtlichen Nadel im Heuhaufen. Aber Houbolts Team argumentierte, daß die meisten bemannten Unternehmungen im Weltraum ganz ähnliche Rendezvousmanöver erfordern würden – also warum sie nicht gleich entwickeln?

Bis November 1962 hatte die NASA ihre Entscheidung getroffen. Die allmähliche Besetzung der Erdumlaufbahn sollte zugunsten von LOR aufgegeben werden. Das Schiff für dieses Projekt wurde »Apollo« getauft. Eine neue und größere Variante der Saturn sollte als Trägerrakete dienen.

DIE AUFGABE VON STATIONEN

Von Braun argumentierte noch eine Weile gegen Houbolts Konzept, auch nachdem er erkannt hatte, daß es technisch sinnvoll war. Es war ihm bewußt, daß Apollo ein vernünftiges Vorgehen bei der Eroberung des Weltraums zugunsten kurzfristiger Errungenschaften zunichte machen würde. Seine lebenslange Begeisterung für Raumstationen gründete auf einem einfachen Instinkt: Keine Regierung würde eine völlig intakte und sehr teure Station unbesetzt lassen wollen, und daher müßte es ein dauerhaftes Weltraumprogramm geben, um sie in Betrieb zu halten. Das Apollo-Konzept

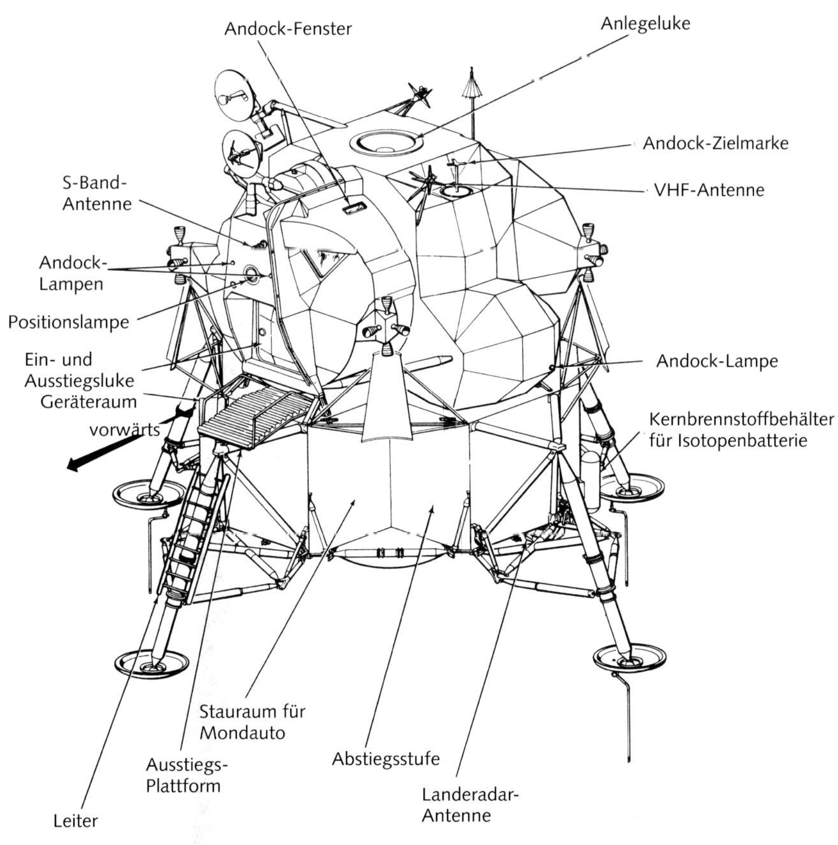

EIN ZERBRECHLICHER KÄFER. Die Apollo-Mondfähre war so zerbrechlich, daß ihre Beine auf der Erde ihr Gewicht nicht tragen konnten. Während des Starts war das Fahrzeug im Inneren der Saturn-Rakete dadurch gesichert, daß die »Schultern« seiner Beine gegen das Innere der Schutzhülle geklemmt waren. Das solide Aussehen des Geräts täuscht. Der Großteil seiner äußeren Struktur bestand aus dünner Metallfolie, die um einen skelettartigen Rahmen gewickelt war.

garantierte keine dauerhaften Weltraumaktivitäten, aber wenn die erste Mondlandung termingerecht verwirklicht werden sollte, dann sprach technisch alles zu seinen Gunsten. Von Braun war zu ehrenhaft, um sich ihm länger in den Weg zu stellen. Schließlich starteten Apollo-Saturn-Kombinationen, verbrachten kaum eine Stunde in der Erdumlaufbahn und flogen dann direkt auf den Mond zu. Die Landefähren funktionierten gut, besaßen aber nur begrenzte Lebenserhaltungskapazitäten. Dies war der Preis, der gezahlt werden mußte, um ihr Gewicht niedrig zu halten.

Trotz all seiner Fehler bleibt das Apollo-Projekt eine großartige Leistung. Sein Erfolg beruhte zu einem nicht geringen Teil auch auf dem Management von Menschen und Apparaten. Die politischen und wirtschaftlichen Allianzen, die einst den Mond eroberten, haben damit ihre Spuren in der modernen NASA hinterlassen – häufig zum Guten, manchmal aber auch nicht.

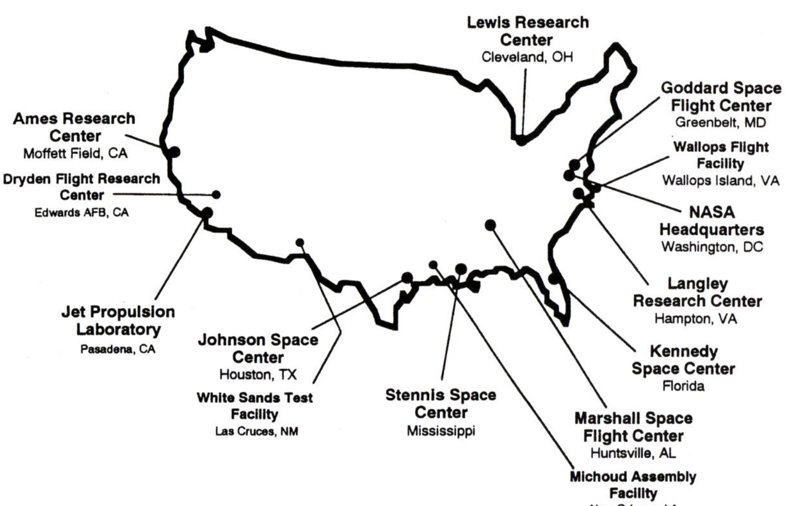

WELTRAUMTERRITORIUM.
Diese Luftaufnahme zeigt die Ausmaße eines der großen Raumflugzentren der NASA, des Lyndon B. Johnson Space Center bei Houston in Texas, von dem aus alle bemannten Weltraummissionen geplant und kontrolliert werden. Das Zentrum beschäftigt zu jedem Zeitpunkt bis zu 4000 Leute, ständiges NASA-Personal sowie kurzfristig angestellte Mitarbeiter von Zulieferfirmen. Das Johnson Center profitiert von der Unterstützung einflußreicher texanischer Politiker und liegt häufig im Streit mit anderen NASA-Zentren über die Verteilung von Geldern und Ressourcen für neue Projekte.

DIE POLITIK DER NASA

Ungeachtet ihrer bescheidenen gegenteiligen Behauptungen haben die meisten NASA-Chefs versucht, der Behörde in Form irgendeines großartigen neuen Projekts oder Raumfahrzeugs ihren Stempel aufzudrücken – vielleicht mit Ausnahme des Mannes, der Amerikas Engagement im Weltraum überhaupt erst mit begründen half. Keith Glennan schuf von ihrer Entstehung 1958 an die Grundstruktur der NASA, obwohl er nie wahrhaft an den Wert der Raumfahrt glaubte. Er befolgte nur Eisenhowers Anweisung, etwas im Weltraum zu vollbringen, ohne Amerika in leichtsinnige Kosten zu stürzen. Doch er schuf eine bewegliche Organisation, die in der Lage war, für die Zukunft zu planen, auch wenn er glaubte, daß das ganze Projekt begrenzt sein sollte. »Ich war nie ein Weltraumenthusiast«, gab er in späteren Jahren zu.

Entgegen Eisenhowers Erwartungen weiteten sich die Raketenaktivitäten in Rußland und Amerika schnell aus. Als 1961 Präsident John F. Kennedy ins Weiße Haus kam, ernannten er und Vizepräsident Lyndon Johnson James Webb zum zweiten NASA-Administrator. Keith Glennans vorsichtiger Stil wurde nicht länger für zweckdienlich erachtet.

DAS VERSTREUTE NASA-IMPERIUM.

Ames Research Center
Moffet, Kalifornien (1700 Mitarbeiter)
Betreibt allgemeine wissenschaftliche Luft- und Raumfahrtforschung.

Dryden Research Center
Edwards, Kalifornien (435 Mitarbeiter)
Führt Testflüge von Flugzeugprototypen und deren Bewertungen durch.

Goddard Space Center
Greenbelt, Maryland (3820 Mitarbeiter)
Verantwortlich für die Entwicklung und Flugkontrolle unbemannter Planetensondenmissionen.

Jet Propulsion Laboratory
Pasadena, Kalifornien
Seine Mitarbeiter kommen aus Zulieferfirmen. Das JPL entwickelt Raumsonden.

Kennedy Space Center
Merrit, Florida (2350 Mitarbeiter)
Führt die Vorbereitungen und Starts aller bemannten und der meisten unbemannten Raketen durch.

Langley Research Center
Hampton, Virginia (2790 Mitarbeiter)
Langley wurde Anfang des Jahrhunderts gegründet, um Luftfahrtforschung durchzuführen. Es bildete die Basis für die Gründung der NASA 1958.

Lewis Research Center
Cleveland, Ohio (2460 Mitarbeiter)
Untersucht Antriebs-, Kontroll- und Energieversorgungssysteme.

Marshall Space Center
Huntsville, Alabama (3310 Mitarbeiter)
Entwickelt Raketentriebwerke, Trägerraketen und andere große Weltraumkonstruktionen.

Michoud Assembly Facility
New Orleans, Louisiana
Baut Treibstofftanks für die Raumfähren.

John C. Stennis Center
Stennis, Mississippi (205 Mitarbeiter)
Testanlage für Raketentriebwerke.

Jim Webb war ein gewitzter Manipulator mit langjähriger Erfahrung in den Feinheiten Washingtoner Politik, und er sicherte mit Präsident Kennedys Unterstützung die langfristige Zukunft der NASA. Als erstes gab er absichtlich zu hohe Kosten für das Apollo-Mondlandeprojekt der sechziger Jahre an, indem er Kennedy und dem Kongreß einen Preis von 20 Milliarden Dollar nannte (für die damalige Zeit eine kolossale Summe), obwohl seine eigenen Berater diese auf 13 Milliarden Dollar beziffert hatten. So konnte Webb 1968 dann behaupten, auf dem Weg zum Mond sowohl den Zeit- als auch den Haushaltsplan einzuhalten. Darüber hinaus nutzte er die finanzielle Schubkraft von Apollo, um trotz der nach 1967 erfolgten wesentlichen Kürzungen des Weltraumetats die unbemannten Viking-, Pioneer- und Voyager-Raumsonden zu den Planeten vorzubereiten.

Viele der baulichen Einrichtungen der NASA wurden während Webbs Amtszeit errichtet. Er genehmigte das riesige »Vertikale Fertigungsgebäude« (Vertical Assembly Building, VAB), in dem am Startzentrum in Florida Raketen aufrecht zusammengesetzt werden, sowie das Kontrollzentrum in Houston – bis heute beides bedeutende Symbole amerikanischer Kultur. Es mag merkwürdig erscheinen, daß die Flüge von Texas aus kontrolliert werden, während die Raketen über tausend Kilometer entfernt in Florida starten, doch das ist Webbs wohlüberlegtes Vermächtnis. Anfang der sechziger Jahre war ein mächtiger texanischer Politiker Vorsitzender des Kongreßausschusses, der die Finanzierung der NASA beaufsichtigte. Vizepräsident Johnson war ein weiterer einflußreicher Texaner. Webb machte Houston zur amerikanischen Weltraumhauptstadt, und im Gegenzug konnten die Apollo-Haushalte den Kongreß leichter passieren.

Webb schloß in den sechziger Jahren überall in nah und fern Verträge, um sich politische Unterstützung zu erkaufen. Seine Entscheidung, die North American Aviation Company (heute unter dem Namen Rockwell bekannt) mit dem Bau der Apollo-Kommandokapsel zu beauftragen, war umstritten, und einige Historiker meinen, dieser Vertrag sei eher durch politische Berechnung als durch technische Argumente zustande gekommen. Aber Webb versuchte, solche Freigebigkeit durch eine strenge Kontrolle der externen Verträge auszugleichen. Die Oberaufsicht über die NASA war ihm nicht weniger wichtig. Die verschiedenartigen und weit verstreuten Abteilungen der Behörde hatten ihre eigenen Zuständigkeitsbereiche, aber jede berichtete ihre Fortschritte einer kleinen Gruppe leitender Manager im Hauptquartier in Washington. Das wichtigste war, daß es innerhalb der Behörde nur etwa ein halbes Dutzend Rangstufen gab, von den Technikern an den Startrampen in Florida bis hinauf zu Webbs unmittelbaren Mitarbeitern. Diese flache Rangpyramide war bemerkenswert für eine solch große Bundesorganisation.

FEUERPROBE

Webb trat im Oktober 1968, kurz vor Beginn der ersten Apollo-Mondflüge, zurück, überzeugt, nach 8 Jahren alles getan zu haben, was er konnte. (Als er seinen NASA-Posten angetreten hatte, war er 54 gewesen.) Seine mutigste Handlung als Administrator hatte darin bestanden, alle Kritik wegen des tödlichen Unfalls, der im Januar 1967 geschehen war, soweit wie möglich auf sich zu nehmen. Die drei Astronauten Gus Grissom, Ed White und Roger Chaffee waren ums Leben gekommen, während sich ihr Apollo-1-Raumschiff noch am Boden befand. Die Kapsel besaß eine Atmosphäre aus reinem Sauerstoff, und ein Funke in einer elektrischen Leitung löste einen Feuersturm in der Kapsel aus. Die NASA hatte in all ihren vorherigen Kapseln reinen Sauerstoff benutzt, ohne daß es zu Zwischenfällen gekommen war, und so

DER SCHATTEN DER SATURN. Eine Saturn-V-Trägerrakete auf der Startrampe, kurz bevor sie im Mai 1973 Amerikas erste Raumstation »Skylab« in die Umlaufbahn bringt. Die Saturn V war 110 m hoch und wurde beim Abheben von fünf F-1-Triebwerken angetrieben, die jeweils 680 000 kp Schub lieferten. Auf dem Höhepunkt des Apollo-Saturn-Programms waren 500 000 Menschen auf dem ganzen amerikanischen Kontinent in irgendeiner Weise an dem Programm beteiligt.
Die Kosten des Apollo-Programms wurden oft kritisiert, aber viele Arbeiter wünschen sich, daß in der heutigen amerikanischen Wirtschaft ähnliche Beschäftigungsmöglichkeiten geschaffen werden.

ENERGIE FÜR APOLLO.
James Webb war von 1961 bis 1968 Chef-Administrator der NASA. Sein politisches Geschick trug dazu bei, daß die Weltraumbehörde zur siebtgrößten Bundesorganisation in Amerika wurde, mit einem Anteil von fünf Prozent am gesamten Staatshaushalt im Jahr 1966. Heute beträgt dieser Anteil weniger als ein Prozent.

waren die Ingenieure im Hinblick auf die Risiken etwas leichtfertig geworden. Man hatte zugelassen, daß im Raumschiff eine Reihe brennbarer Materialien eingebaut wurden. Am erschreckendsten war, daß die Einstiegsluke der Kapsel schlecht konstruiert war. Selbst unter den ruhigsten Bedingungen dauert es einige Minuten statt ein paar Sekunden, sie zu öffnen. Die Mannschaft von Apollo 1 mühte sich an den Lukenhebeln ab, aber umsonst. North American, die Firma, die die Kapsel gebaut hatte, wurde wegen ihrer minderwertigen Standards bei der Verlegung der elektrischen Leitungen und anderen Montagen heftig kritisiert. Sie wiederum beschuldigte die NASA, ein unmöglicher Kunde zu sein, ständig die Spezifikationen des Raumfahrzeugs zu ändern, während es schon im Bau war, und somit ein Klima zu schaffen, in dem es häufig zu Fehlern kommen konnte. Dies war für Webb eine zutiefst schmerzliche Angelegenheit. Er hatte vorgehabt, mit Hilfe der NASA sein Credo zu beweisen, daß enorme technische und verwaltungstechnische Probleme sehr wohl durch eine Regierungsbehörde gelöst werden konnten, wenn nur die Managementstrukturen stimmten. Aber das Unglück war geschehen, und das aus Gründen, die unverzeihlich waren.

EINE VERKLEINERTE SATURN.
Die Saturn 1B war 68 m hoch und lieferte einen Gesamtschub von 726 000 kp. Die 1B war der unmittelbare Vorläufer der riesigen Saturn-V-Mondraketen. Sie bestand im wesentlichen aus einem parallelen Bündel kleinerer Redstone-Raketen, die in einem gemeinsamen Rumpf zusammengeschraubt waren. Die 1B war nicht stark genug, um den Mond zu erreichen, aber sie wurde zum Testen der Apollo-Kapseln benutzt und später, um Mannschaften hinauf zu Skylab zu transportieren. Die letzte flog im Juli 1975, zusammen mit der letzten Apollo-Kapsel. Auf diesem Foto ruht die 1B auf einem Bock neben dem Startgerüst, das gewöhnlich für eine Saturn V reserviert ist.

DAMALS UND HEUTE

James Webbs heutige Reputation beruht auf seinen positiven Leistungen, seinem altmodischen Glauben an die Möglichkeiten einer guten Regierung und auf seinem noblen Charakter. Aber wie jeder NASA-Administrator nach ihm bestätigen wird, hatte er auch eine große Portion Glück. Erstens war sein Auftrag klar formuliert: Amerika vor 1970 auf den Mond zu bringen. Zweitens mußte er sich nie um Geld Sorgen machen. Die NASA erhielt in einer Zeit großen wirtschaftlichen Optimismus 5,3 Prozent des gesamten Bundeshaushalts, bevor Vietnam, soziale Unruhen und eine globale Rezession in den siebziger Jahren die Aussichten Amerikas veränderten. Die heutigen Weltraumchefs leben in einer ganz anderen Welt. Sie können nicht so sicher sein wie Webb, was ihr Land von ihnen erwartet, und sie sorgen sich die ganze Zeit um kaum etwas anderes als Geld. Der Anteil der NASA an den Staatsausgaben von 1994 belief sich auf 0,9 Prozent – weniger als 15 Milliarden Dollar. (Webbs durchschnittlicher jährlicher Haushalt von fünf Milliarden Dollar Mitte der sechziger Jahre würde heute 30 Milliarden Dollar entsprechen.)
Und es wird schlimmer. Haushaltsnöte könnten die Behörde zwingen, ihre Ausgaben noch vor der Jahrtausendwende um vier Milliarden Dollar pro Jahr zu senken. Inzwischen kämpft die nationale Wirtschaft als Ganzes mit einem Defizit, das in Billionen

DIE LETZTE DER ERSTEN.
Die russische Raumstation Saljut 7 war die am längsten in Betrieb befindliche Station der Saljut-Serie. Hier ist sie in der Umlaufbahn von einem abfliegenden Sojus-Raumschiff aus nach einer Mannschaftsablösung im September 1985 zu sehen. Ein weiteres Sojus-Schiff bleibt an der Station angekoppelt. Saljut 7 war am 19. April 1982 gestartet worden und blieb bis Juni 1986 in Betrieb. Die Station war 15 m lang und wog 18 500 kg. Sie hatte vorn und hinten Andocköffnungen und war mit Zwillingsraketentriebwerken ausgestattet, die 300 kp Schubkraft lieferten.

Dollar gezählt wird. In einer solch angespannten finanziellen Umgebung stellt der jährliche Haushalt der Weltraumbehörde ein leichtes Angriffsziel dar.

Die größte Veränderung seit Webbs Tagen besteht vielleicht darin, daß große Bundesbehörden wie die NASA nicht länger das Vertrauen der Allgemeinheit besitzen, noch nicht einmal das ihrer eigenen politischen Führer. In letzter Zeit herrscht eine weitverbreitete Antiregierungsstimmung. Während der achtziger Jahre war das Management der NASA in Mißkredit geraten. Kritiker behaupteten, die Behörde sei in die Jahre gekommen und fett geworden. Leider passiert dies den meisten großen Organisationen mit der Zeit. Das jugendliche Feuer des Ehrgeizes wird häufig durch den vorsichtigeren Wunsch ersetzt, das mit Mühe eroberte Gelände zu sichern.

Das Beste, was der NASA in ihrer Frühzeit passieren konnte (und was sie dringend wieder nötig hätte), war ein starker Konkurrent, um sie in Schwung zu halten. Amerikanische Astronauten mögen als ungemein gut ausgerüstete Touristen kurze Abstecher in den Kosmos unternommen haben, doch russische Kosmonauten haben in einfacheren, billigeren Schiffen den Weltraum zu ihrem zweiten Zuhause gemacht.

DER ROTE STERN IN DER UMLAUFBAHN

Die ganzen sechziger Jahre hindurch waren die sowjetischen Konkurrenten der NASA bestrebt, eine eigene Startrakete der Saturn-Klasse zu entwickeln, obwohl sie das erst 25 Jahre später nach außen hin zugaben. Am 21. Februar 1969 nahm ein amerikanischer Spionagesatellit Schnappschüsse von einem neuen sowjetischen Startkomplex mit einer großen, bisher nicht identifizierten Rakete auf, die aufrecht neben den hohen Stützgerüsten stand. Amerikanische Aufklärungsfachleute befürchteten, daß Rußland im Begriff stand, einen unbemannten Testflug einer Mondrakete durchzuführen. Als der Spionagesatellit das nächste Mal vorüberflog, war die Rakete verschwunden – mitsamt der Startrampe. 1995 gaben russische Beamte zu, daß ihre »N1« Rakete kurz nach der Zündung explodiert war und damit ihre Hoffnungen zunichte gemacht hatte, Apollo auf dem Weg zum Mond noch zu schlagen.

Die Russen beschränkten sich jetzt darauf, kleinere, aber zuverlässigere Raketen zu verwenden, um die Möglichkeiten der Erdumlaufbahn zu nutzen. Ihnen gebührt die Ehre, die erste Raumstation der Welt gebaut und ins All geschossen zu haben. Am 19. April 1971 startete »Saljut« (»Salut«) an der Spitze einer Proton-Trägerrakete. Es war ein enges, stickiges zylindrisches Abteil, mit einem Durchmesser von knapp 3 Metern an seiner breitesten Stelle und einer Länge von 15 Metern. Der Innenraum glich auf unvorteilhafte Weise dem eines mit Gepäck vollgeladenen Greyhound-Überlandbusses, aber Saljut bot mehr Wohnraum als alle Weltraumreisende bis dahin zur Verfügung gehabt hatten.

3 Tage später führte ein »Sojus«-Zubringerschiff ein Rendezvous mit ihr durch, obwohl das Kosmonautentrio im Inneren der engen Kapsel nicht zu der Station hinüberwechselte. Das Kopplungssystem ließ sich nicht richtig abdichten. Am 6. Juni starteten die Kosmonauten Georgij Dobrowolski, Wladislaw Wolkow und Viktor Patzajew in einer anderen Sojus, um als erste ein Heim im Weltraum zu beziehen; sie blieben 23 Tage an Bord von Saljut. Wie sich herausstellen sollte, waren dies in der Tat kostbare Tage. Das Sojus-Raumschiff war noch immer ein launisches Fahrzeug. Nach seinem ersten Testflug am 24. April 1967 war sein Testpilot Wladimir Komarow ums Leben gekommen, als sich der Fallschirm seiner Wiedereintrittskapsel verfing. Kaum 3 Monate, nachdem die NASA Chaffee, Grissom und White im Apollo-1-Feuer verloren hatte, erinnerte jetzt der Absturz Komarows jeden daran, wie gefährlich

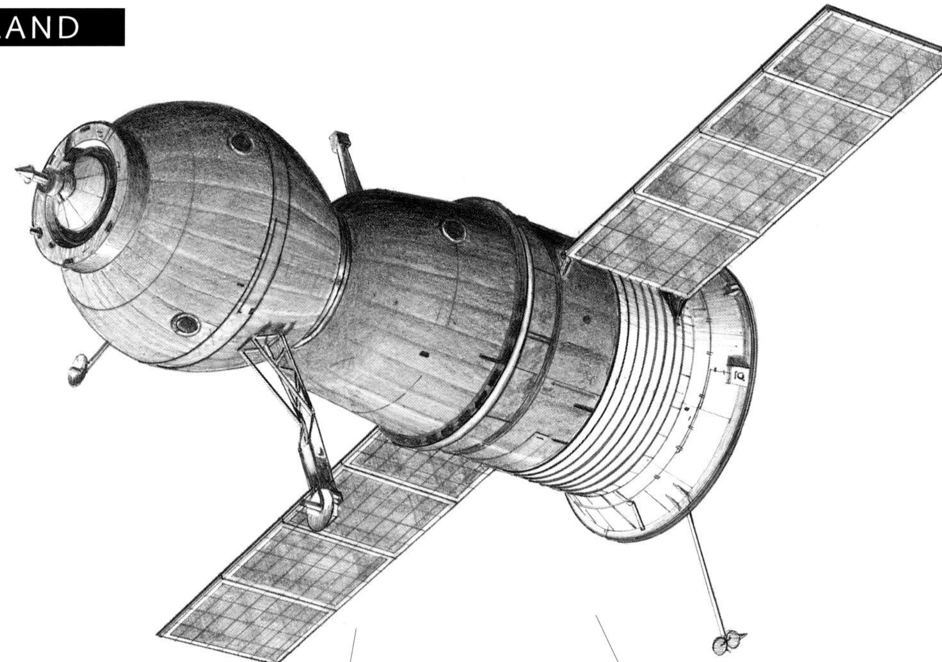

TREUER RUSSISCHER LASTESEL. Das Sojus-Raumschiff hat insgesamt eine Länge von 7,9 m und wiegt beim Start 6800 kg. Es transportiert drei Besatzungsmitglieder und kann drei oder vier Tage eigenständig fliegen. An eine Raumstation angedockt, kann Sojus bis zu 90 Tage im Weltraum bleiben; so lange reichen ihr Treibstoff für den Wiedereintritt und ihre Energievorräte. Die derzeitige Sojus-TM-Variante flog im Mai 1986 zum ersten Mal. Der Grundentwurf beruht auf einer 1967 entwickelten Technologie, wurde aber nach anfänglichen Fehlschlägen 1971 umkonstruiert. Seither stellt das Sojus-Raumschiff ein verläßliches Schlüsselelement bei allen russischen bemannten Raumflügen dar.

Raketenflüge wirklich waren. Die Politiker mochten zwar weiterhin den Konkurrenzgedanken des Weltraumwettrennens in den Vordergrund rücken, doch die Flieger unter beiden Regimen fühlten nun eine Art Verbundenheit.

Seit Komarows Unfall schienen weitere Flüge von Sojus die Sicherheit des Systems bewiesen zu haben. Doch als am 29. Juni 1971 die Saljut-1-Besatzung von der Station abkoppelte, um ihren Rückflug anzutreten, entwich durch ein fehlerhaftes Ventil sämtliche Luft aus der Kabine. Bis ihre Rückkehrkapsel am Fallschirm hinunter zur Erde geschwebt war, waren Dobrowolski, Wolkow und Patzajew tot.

Das Sojus-System mußte umkonstruiert werden. Zu Saljut 1 konnte keine weitere Besatzung mehr hinauffliegen, denn 6 Monate nach ihrem Start war die Umlaufbahn der Station instabil geworden. Sie stürzte in die Atmosphäre und verbrannte, vom Bodenkontrollpersonal assistiert, in einem ferngesteuerten Selbstmord. Die Russen verbesserten ihre Sojus-Kapseln (sie sind heute noch in Gebrauch) und starteten zwischen 1972 und 1982 sechs weitere Saljut-Stationen, wobei sie diese über immer längere Zeiträume auf stabilen Umlaufbahnen hielten und regelmäßig frische Besatzungen hinaufsandten. Der größte Ausrüstungsgegenstand an Bord mehrerer Saljuts war eine hochauflösende Kamera, mit der die Kosmonauten pflichtgetreu hinunterspähten und NATO-Übungen und andere westliche Militäraktionen beobachteten. Offizielle sowjetische Presseberichte erwähnten »Erdbeobachtungen im Interesse der nationalen Ökonomie«.

Echte Wissenschaft wurde jedoch nie ganz vergessen. Die Russen sammelten beträchtliche Erfahrung in Raumfahrtmedizin, Biologie, Astronomie, Metallurgie und vielen anderen Aktivitäten. Ab 1975 versorgten sie ihre Saljuts durch unbemannte Roboterschiffe mit frischem Sauerstoff, Lebensmitteln und Wasser. Diese Progress-Fähren bestanden aus Sojus-Bauteilen und waren ein Beispiel effizienter russischer Konstruktion, aufbauend auf dem, was bereits vorhanden war.

Im Februar 1985 war die letzte Saljut-Station vorübergehend für ein paar Wochen unbesetzt gewesen und die Solarzellenflächen hatten ihre Orientierung zur Sonne verloren. Da nun das Navigationssystem nicht mehr mit Strom versorgt wurde, geriet Saljut 7 allmählich außer Kontrolle. Inzwischen versagten auch die Klimasysteme, und der Kabineninnenraum füllte sich mit giftigen Dämpfen. Unten auf der Erde begannen die Kosmonauten für eine Rettungsmission zu trainieren. Am 16. Juni steuerten Wladimir Dschanibekow und Viktor Sawinjitsch ihre Sojus-Kapsel vorsichtig um die unberechenbare Station herum, fanden einen Weg zum Ankoppeln und führten dann die Reparaturen durch.

Diese letzte Saljut beherbergte Gäste aus anderen kommunistischen Ländern und sogar aus Frankreich und Indien. Sowjetische Bevollmächtigte boten jedem Amerikaner, der wollte, freudig Flugzeit an Bord ihrer Station an. Washingtoner Beamte lehnten höflich, wenn auch zähneknirschend ab und beteten, daß bald ihre eigene Raumstation entwickelt sein möge.

Eine zweite Raumstation. Die erste hatte den Namen »Skylab« getragen.

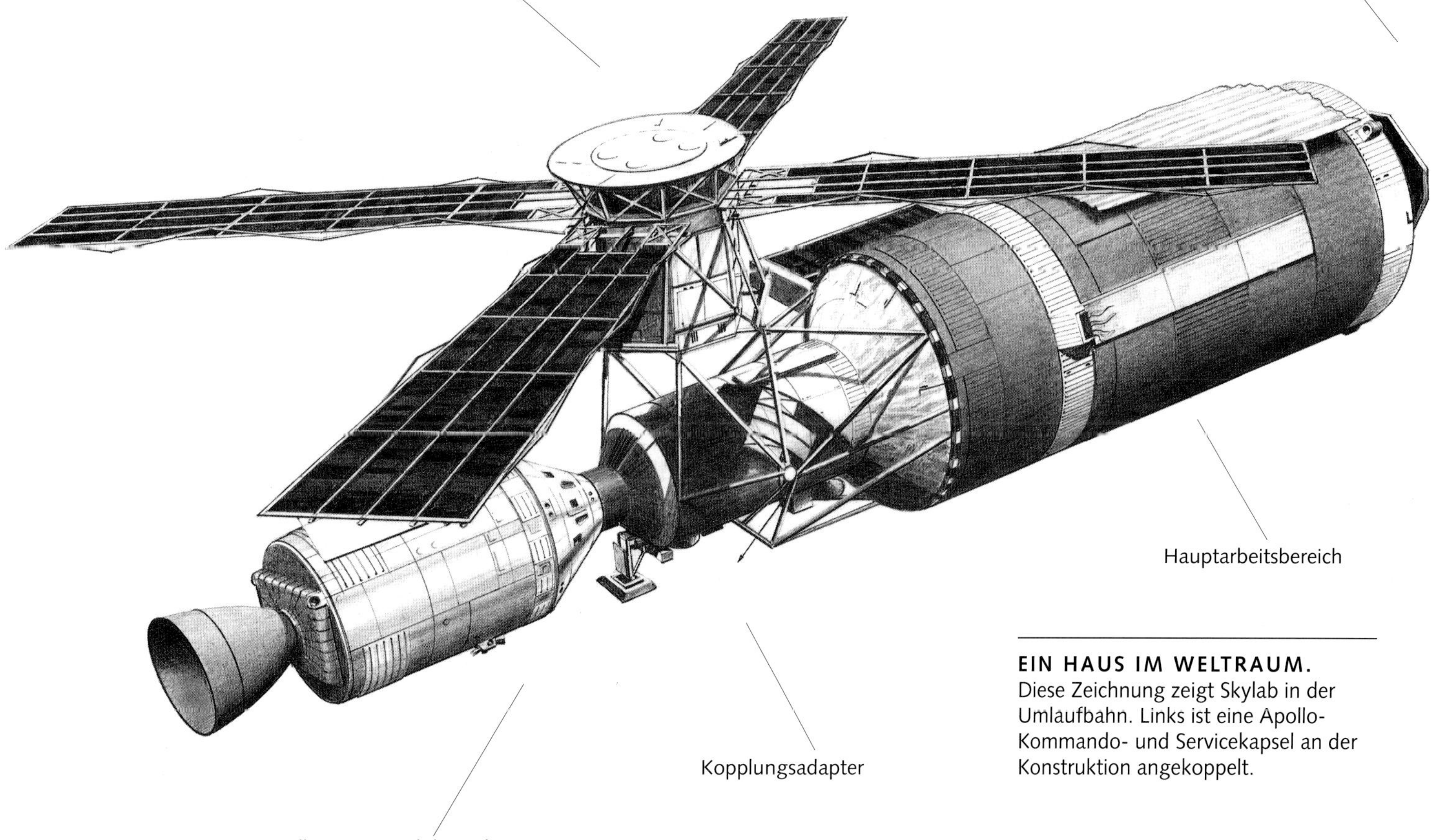

EIN HAUS IM WELTRAUM. Diese Zeichnung zeigt Skylab in der Umlaufbahn. Links ist eine Apollo-Kommando- und Servicekapsel an der Konstruktion angekoppelt.

BESCHÄDIGT, ABER ES FLIEGT. Diese Ansicht von Skylab in der Umlaufbahn wurde im Februar 1974 von einer abfliegenden Apollo-Kapsel aus aufgenommen, dem letzten Raumschiff, das die Raumstation besuchte. Als Ersatz für die thermische Schutzhülle, die beim Start der unbemannten Station am 14. Mai 1973 durch Erschütterungen und Luftreibung zerstört worden war, wurde eine verkrumpelte Goldfolie aufgespannt. Das linke Sonnensegel war ganz abgerissen. Mit einer angekoppelten Apollo-Kapsel war Skylab von einem Ende zum anderen 36 m lang und wog 89 630 kg.

ERSTE BESATZUNG
Charles Conrad, *Kommandant*
Joseph Kerwin
Paul Weitz
Start der Besatzung:
25. Mai 1973
Rückkehr der Besatzung:
22. Juni 1973
Dauer der Mission: 28 Tage

ZWEITE BESATZUNG
Alan Bean, *Kommandant*
Owen Garriott
Jack Lousma
Start der Besatzung:
28. Juli 1973
Rückkehr der Besatzung:
25. September 1973
Dauer der Mission: 59 Tage

DRITTE BESATZUNG
Gerald Carr, *Kommandant*
Edward Gibson
William Pogue
Start der Besatzung:
16. November 1973
Rückkehr der Besatzung:
8. Februar 1974
Dauer der Mission: 84 Tage

SKYLAB

Ab etwa 1970 fanden die Weltraumaktivitäten der NASA aufgrund dringenderer nationaler Angelegenheiten weniger Unterstützung bei der breiten Öffentlichkeit. Apollo 20 hatte der letzte Mondflug sein sollen. Er wurde zusammen mit den Flügen 18 und 19 gestrichen. Einige Weltraumverantwortliche waren insgeheim erleichtert. Im April 1970 war Apollo 13 fast im Weltraum verlorengegangen, nachdem auf halbem Weg zum Mond ein Sauerstofftank explodiert war. Bei der Bergung der Besatzung hatte die NASA zwar außergewöhnliche Managementfähigkeiten und technischen Einfallsreichtum bewiesen, aber die Chefs der Behörde waren froh, das Mondprogramm beenden zu können, bevor noch Schlimmeres geschah.

Zwei Saturn-Raketen, die für die gestrichenen Mondflüge gedacht waren, stellen heute wahrscheinlich die größten und teuersten Museumsstücke der Welt dar – verstümmelt liegen sie in den Weltraumzentren in Houston und Huntsville auf der Seite, wie gigantische gestrandete Wale. (Das in Florida ausgestellte Exemplar war ein Testfahrzeug, das nie für einen Flug vorgesehen war.) Doch eine dritte Saturn wurde flugbereit gehalten. Die NASA hatte stets gehofft, ihre Saturns für ein Programm verwenden zu können, das »Apollo Applications« (Apollo-Anwendungen) genannt wurde. Hierbei sollten nach Beendigung der Mondmissionen das technische Gerät und die gesammelten Erfahrungen in der Erdumlaufbahn genutzt werden. Eine Raumstation irgendeiner Art blieb eines der beliebtesten Ziele der Behörde, auch wenn deren Zweck immer unbestimmter wurde. Als Umsteigebahnhof auf dem Weg zum Mond konnte sie offensichtlich nicht mehr dienen, da dieses Problem bereits gelöst war.

AUSSERHALB DES LABORS.
August 1973: Astronaut Owen Garriot ersetzt am Teleskopverbund von Skylab ein Gerät zur Messung von solaren Teilchen.

EIN SELTENER AUGENBLICK FREIZEIT. Januar 1974: Während der dritten und letzten Skylab-Mission läßt Gerry Carr (links) Bill Pogue auf seinem Finger rotieren.

Mitte der sechziger Jahre gab sich die NASA noch immer der Vorstellung hin, sie könnte die Erlaubnis erhalten, irgendwann vor Ende des Jahrhunderts eine Mars-Mission zu starten, wobei sie vielleicht Bauteile verwenden konnte, die mit einer Reihe von Saturn-Raketen in den Raum befördert würden. In der Zwischenzeit schien es sinnvoll zu untersuchen, wie sich Menschen an lange Aufenthalte im Weltraum anpaßten. Die Pläne waren bestenfalls spekulativ, da die Behörde bislang keine feste Zusage erhalten hatte, Apollo-Bauelemente für irgend etwas anderes als die tatsächlichen Mondmissionen verwenden zu dürfen. Die meisten ihrer längerfristigen Pläne wurden gestoppt, doch nach 1969 waren noch genügend Geldmittel für zumindest ein Vorhaben auf der Apollo-Application-Wunschliste vorhanden: ein Projekt mit Namen Skylab.

NICHT DIE ERSTE, ABER DIE BESTE

Der große Pluspunkt für Skylab war seine Wirtschaftlichkeit. Es war in jeder Hinsicht bereits halb fertig, noch bevor das Programm formell genehmigt war. Die dritte Stufe der letzten verfügbaren flugtüchtigen Saturn (Saturn S-IVB genannt) konnte an der Spitze der Hauptträgerrakete in die Erdumlaufbahn befördert werden, wobei aber ihre höhlenartigen Tanks nicht mit Treibstoff gefüllt würden. Mit Hilfe von leichtgewichtigen Böden und Trennwänden konnten die luftdichten Tanks in Kabinen umgewandelt werden. Das ursprünglich für die Mondkapsel und die Mondlandefähre eingeplante Startgewicht konnte für verschiedenartigste, für eine Raumstation geeignete Ausrüstungsgegenstände genutzt werden. Drei Saturn-Varianten, halb so groß wie Saturn V, die von früheren Testprogrammen übrig waren, konnten benutzt werden, um die Skylab-Mannschaften in den restlichen Apollo-Kapseln zu starten. NASA-Ingenieuren waren diese Möglichkeiten seit 1965 bekannt, nachdem George Mueller, ein leitender Apollo-Manager, eines Tages während des Mittagessens auf einer Papierserviette eine grobe Skizze davon gezeichnet hatte. 1969 vermuteten Präsident Nixons Sicherheitsberater, daß die Sowjets eine Raumstation entwickelten und daß eine Reaktion darauf erforderlich war. Die Firma McDonnell Douglas erhielt den Vertrag für die Umwandlung der dritten Stufe einer Saturn S-IVB in Skylab. Ihre Wahl als Vertragspartner war nur vernünftig. Sie hatten auch die ursprünglichen S-IVB-Stufen hergestellt. Die Umwandlung war nach 36 Monaten für einen Preis von 2,5 Milliarden Dollar abgeschlossen.

Natürlich erreichte die erste sowjetische Saljut im April 1971 die Erdumlaufbahn, zwei Jahre vor Skylab, aber die NASA-Leute trösteten sich mit dem Wissen, daß ihre Station die größte bewohnbare Maschine sein würde, die je in den Weltraum geschossen wurde. Sie umfaßte riesige Solarzellenflächen, eine Unmenge wertvoller Ausrüstung, eine große Anordnung astronomischer und solarer Teleskope, Dutzende wissenschaftliche und medizinische Experimente, die in zahlreichen Schließfächern im Inneren verstaut waren, sowie ein zylindrisches Arbeitsabteil, das soviel Platz bot wie eine Dreizimmerwohnung.

Die letzte von Wernher von Brauns Saturn-V-Raketen, die je fliegen sollte, donnerte am 14. Mai 1973 mit Skylab an ihrer Spitze gen Himmel. Der Start schien fehlerfrei, und die 75 Tonnen schwere Station nahm eine perfekte Umlaufbahn ein, auf der sie die Erde in einer Höhe von 435 Kilometern wie geplant umkreiste. Doch als dann Skylab seine verschiedenen Systeme ferngesteuert in Betrieb nehmen sollte, wurde leider eine Reihe schwerwiegender Störungen offenkundig. Während des Fluges war der Mikrometeoritenschutz auf der Hülle der umgebauten S-IVB von seinem Platz gerissen worden, und eine der beiden Hauptsolarzellenflächen blieb in ihrer Startposition festgeklemmt. Die zweite war völlig abgerissen, wie ein an der Schulter abgetrennter Flügel eines Vogels.

In jenen Tagen hatte die NASA ein glückliches Händchen, Probleme in Triumphe umzuwandeln. So wie sie sich die Gunst der Öffentlichkeit erworben hatte, als sie 1970 Apollo 13 vor einer Tragödie bewahrte, so stellte nun Skylab ein weiteres publikumswirksames Drama dar. Die erste Mannschaft würde ein gefährliches Ausstiegsmanöver durchführen, Reparaturen vornehmen und die driftende Station stabilisieren müssen, damit sie nicht unbewohnbar wurde. Ein Fehlschlag wäre eine teure, peinliche Angelegenheit, aber ein Erfolg würde es der NASA ermöglichen, die Notwendigkeit bemannter Raumflüge zu »beweisen«.

Der Start der ersten Besatzung wurde verschoben. Die Astronauten Joe Kerwin und Paul Weitz begannen zusammen mit ihrem Kommandant Pete Conrad (einem Gemini- und Apollo-Veteran) einen zehntägigen Crash-Kurs, bei dem sie in Houston in einem Wassertank-Simulator für Weltraumspaziergänge verschiedene ad-hoc-Reparaturen an Skylab testeten und so in aller Schnelle eine Mission umfunktionierten, für die sie bereits viele Monate trainiert hatten. Am 25. Mai 1973 koppelten Conrad und seine

EINE VOLLGESTOPFTE DOSE. Der Hauptarbeitsraum von Skylab war ein geräumiger Zylinder von 14,7 m Länge und 6,6 m Durchmesser. Die Unterteilungsböden bestanden aus Gittern mit dreieckigen Lücken. Darauf konnten die Besatzungsmitglieder sicher stehen, indem sie Knebel an ihren Stiefelsohlen in die Löcher des Bodens drückten.

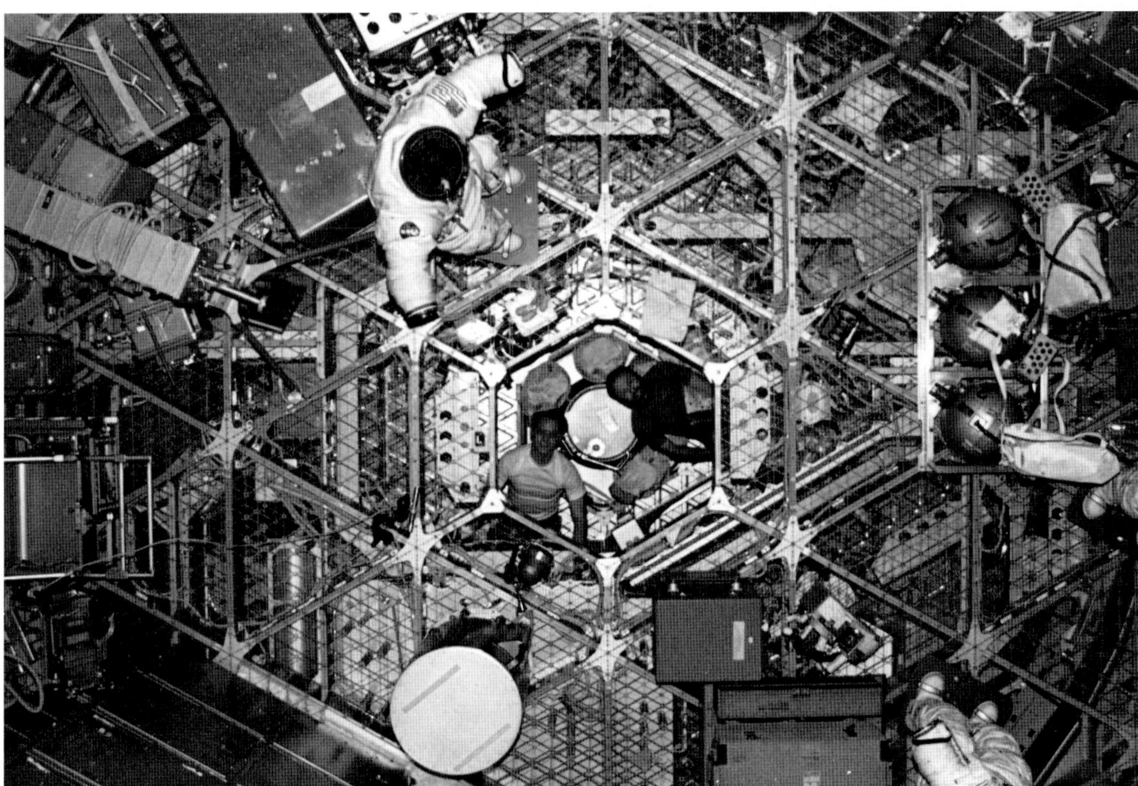

Mannschaft an dem beschädigten Weltraumlabor an. In mehreren Ausstiegsmanövern befreiten sie die verklemmte Solarzellenfläche und errichteten einen einfachen Sonnenschild, um die Innentemperatur im Labor zu senken. Ihre Reparaturen waren erfolgreich, und sie blieben einen Monat in der Umlaufbahn, brachten die Systeme der Station zum Laufen und führten Experimente durch. Skylab enthielt eine gute wissenschaftliche Ausrüstung, darunter eine Reihe von Instrumenten zur Beobachtung der Sonne mit nie zuvor erreichter Genauigkeit. Im Juli besuchte eine andere Mannschaft 59 Tage lang Skylab. Die letzte Besatzung, Gerry Carr, Bill Pogue und Ed Gibbson, kehrte am 8. Februar 1974 nach einem 84-tägigen Aufenthalt an Bord der Station zur Erde zurück.

5 Jahre lang trieb Skylab unbesetzt durch den Raum. Am 11. Juli 1979 stürzte es völlig unkontrolliert in die Atmosphäre. Die Verantwortlichen drückten die Daumen und hofften, daß die Trümmer ohne Schaden anzurichten ins Meer fielen. Schließlich gingen über Hunderten von Quadratkilometern australischen Busches verstreut brennende Bruchstücke nieder. Eine Kuh wurde getötet, als ihr ein Brocken der Station auf den Kopf fiel.

Nach 1974, mit Beendigung des Skylab-Programms, fürchteten einige der älteren Astronauten der NASA, daß sie nie wieder eine Chance zum Fliegen haben würden. Eine neue Generation von Raumfahrzeugen war in der Entwicklung, doch sie würden erst in 7 Jahren fliegen. Inzwischen stand nur eine einzige weitere Apollo-Mission auf dem Programm. Es war kein Flug zum Mond, noch nicht einmal ein weiterer Aufenthalt an Bord der verlassenen Skylab-Station. Es war nur ein einfacher Hüpfer in die Erdumlaufbahn, um sich ein paar Tage mit dem Feind zu verbrüdern.

DAS APOLLO-SOJUS-TESTPROJEKT

Präsident Nixon war kein großer Förderer der NASA, aber er unterstützte die erste gemeinsame Weltraummission Amerikas und Rußlands und beendete damit ein Jahrzehnt halsbrecherischer Konkurrenz. Das Apollo-Sojus-Testprojekt (ASTP) ging zurück auf erste zögerliche Treffen zwischen NASA- und russischen Weltraumchefs im Oktober 1970. 1972 unterzeichneten Präsident Nixon und Premierminister Alexeij Kossygin einen formellen Weltraumvertrag, der es russischen und amerikanischen Weltraumingenieuren erlaubte, eine gemeinsame Arbeitsgruppe zu gründen. Dies war ein diplomatischer Durchbruch und schien ein gutes Omen für die zukünftigen Ost-West-Beziehungen zu sein.

Die Sojus-Schiffe waren jetzt standardmäßig im Einsatz und koppelten regelmäßig an den Saljut-Stationen an. Amerikas Flotte von Weltraumschiffen war nahezu aufgebraucht. Brachte man die für den Transport von Besatzungen an Bord von Skylab benötigten Raumfahrzeuge in Abzug, so verblieben der NASA noch eine brauchbare Apollo-Kommandokapsel und eine letzte flugfähige Saturn – die halbhohe Version. Die Arbeitsgruppe beschloß, diese Apollo an eine Sojus anzukoppeln. Was wissenschaftliche Erkenntnisse oder ein Vorantreiben der Weltraumforschung anging, so war eine solche Mission fast völlig wertlos. Aber sie würde politisch etwas einbringen.

Den ASTP-Planern wurde klar, daß es allein schon eine Leistung sein würde, die Ingenieure der beiden rivalisierenden Supermächte dazu zu überreden, nach denselben Richtlinien vorzugehen. Apollo und Sojus verwendeten unterschiedliche Umlaufbahnen, unterschiedliche Kopplungssysteme, unterschiedliche Raketen, unterschiedliche Kabinendrücke.

Die Lösung war ein kleiner, gemeinsam entworfener Kopplungsadapter zwischen Apol-

lokapsel und Sojus. Dabei waren die technischen Probleme weniger kompliziert als die diplomatischen und die sicherheitsbedingten Begleiterscheinungen.
Die Ankopplung fand am 17. Juli 1975 statt. Die beiden Besatzungen schüttelten sich die Hände, kletterten in das jeweils andere Schiff und aßen und tranken zusammen. Echt bewegt umarmten Russen auf den Straßen Moskaus ausländische Besucher. Es schien ein Durchbruch für den Frieden zu sein, doch es sollte dann doch noch 20 Jahre dauern, bis sich die russische und die amerikanische bemannte Weltraumfahrt wieder so nahe kamen. Die neue politische Entspannung stellte sich als zerbrechlich heraus.
Apollo wurde von Astronautenveteran Tom Stafford kommandiert. Seine Mannschaftskameraden waren »Deke« Slayton und Vance Brand. Der Sojus-Kommandant war ein weiterer Fliegerveteran: Alexeij Leonow, der 1965 als erster Mensch einen Weltraumspaziergang unternommen hatte. Sein Kopilot war Waleri Kubasow.
ASTP verlief fehlerfrei, bis zu dem Augenblick, als das letzte Apollo-Raumschiff der NASA im Pazifik wasserte und auf die Bergung durch einen Flugzeugträger der Marine wartete. Überschüssiger Treibstoff aus einer Lagestabilisierungsdüse sickerte in die Kabine des Raumschiffs, und giftige Dämpfe gelangten in die Lungen der Astronauten. Vance Brand wurde bewußtlos. Zum Glück erlitt die Besatzung aber keine dauerhaften gesundheitlichen Schäden.
Mit Abschluß von ASTP waren alle Apollo-Geräte aufgebraucht. Die nächsten 6 Jahre saßen die NASA-Astronauten am Boden fest und warteten darauf, ein neues Raumfahrzeug fliegen zu können. In der Zwischenzeit setzten Sojus-Schiffe ihre regelmäßigen Flüge fort, während das russische Raumstationsprogramm weiterhin stetig voranschritt.

APOLLO TRIFFT SOJUS.
Diese Darstellung eines Künstlers zeigt die Ankopplung der letzten amerikanischen Apollo-Kapsel an einem russischen Sojus-Raumschiff am 17. Juli 1975. Der Kopplungsadapter befindet sich an der Nase der Apollo-Kapsel. Er enthielt auch ein eigenes Atmosphären-Regulationssystem, das als Puffer zwischen den Atmosphären der beiden Schiffe diente.

DIE RAUMSTATION MIR

Am 19. Februar 1986 starteten die Sowjets das erste Bauelement ihrer Station »Mir« (»Frieden«), einer neuen Generation von Raumstationen. Sie ist heute noch immer in der Umlaufbahn, zusammen mit einer Unzahl weiterer Elemente, die im Laufe der Jahre angebaut wurden. Mir beherbergt heute regelmäßig Gastastronauten aus westlichen Ländern – einschließlich Amerika. Nach dem Zusammenbruch des Sowjetreiches 1990 herrscht eine völlig andere Stimmung im Weltraum.

Am 13. März 1986 startete die erste Besatzung der Mir, Leonid Kzim und Wladimir Solowjew, um nach einem Rendezvous-Manöver an Bord zu gehen und dort eine beeindruckende Aufgabenliste abzuarbeiten. Nach 2 Monaten auf der Mir nahmen sie ihre Sojus, um 50 Tage lang die alte Saljut 7 zu besuchen, die sich noch immer in der Umlaufbahn befand. Sie führten zwei Ausstiegsmanöver durch, wobei sie den äußeren Zustand der Saljut untersuchten und Montagearbeiten im Weltraum übten. Dann flogen sie zurück zur Mir und blieben 3 weitere Wochen in der neuen Station, bevor sie nach einer Mission von insgesamt 125 Tagen wieder heimkehrten. Damit hatten die Sowjets in jeder Hinsicht ihre Überlegenheit bei Operationen in der Erdumlaufbahn bekräftigt, wobei sie eine relativ billige, standardisierte Technologie verwendeten. In absehbarer Zeit würde die NASA kaum etwas Vergleichbares gegenüberstellen können.

Im Laufe dieser erfolgreichen Unternehmungen erhoben russische Kosmonauten Anspruch auf sämtliche Dauerrekorde: die am längsten in Betrieb befindlichen bemannten Raumfahrzeuge, die längsten in der Umlaufbahn zurückgelegten Strecken, die meisten Besatzungswechsel, die größte insgesamt im Weltraum gesammelte Erfahrung und immer wieder die längsten von einzelnen Besatzungsmitgliedern im Weltraum verbrachten Zeiten. Dieser letzte Rekord gehört Dr. Waleri Poliakow, der 438 Tage – deutlich länger als ein Jahr – in der Erdumlaufbahn an Bord der Mir verbrachte. Während der letzten Stadien seiner Mission schloß sich ihm Jelena Kondakowa an, die 6 Monate in der Station blieb und so die Raumfahrerin mit der längsten Dienstzeit wurde. Poliakow kehrte im März 1995 nach Hause zurück. Sein Hauptproblem war nicht so sehr die lange Mission selbst, sondern die nachfolgende Wiedereingewöhnung in das Leben auf der Erde.

Amerikanische Beobachter sind häufig verwirrt über die scheinbare Begeisterung der Russen für Dauerrekorde, wobei spezielle wissenschaftliche Arbeiten häufig hinter dem einfachen Absitzen der Zeit zurückstehen. Ein NASA-Beamter bezeichnete jüngst die langweilige Routine an Bord der Mir als »einfach nur ein Aneinanderreihen endloser Tage und Löcher-in-den-Himmel-Bohren. Ihr Job besteht hauptsächlich darin, dort oben durchzuhalten.«

Selbst nach dem Zusammenbruch der alten sowjetischen Ordnung und trotz widrigster Umstände planen die Russen das Unmögliche: einen Flug zum Mars. Ihre Kosmonauten versuchen zu beweisen, daß sie eine derart lange Reise in engen, schwerelosen Kabinen psychisch und physisch gesund überstehen können. Für unsere ehemaligen Gegner im Kalten Krieg

DAS ERSTE JAHR IM DIENST. Das Kernmodul der russischen Raumstation Mir im Jahr 1986, mit einem angedockten Sojus-Raumschiff.

scheint die Eroberung ferner Planeten ein seltsam hoffnungsvolles und ergreifendes Ziel zu sein, selbst wenn sie unten auf der Erde noch nicht einmal genug zu essen haben. Ein NASA-Astronaut klagte jüngst: »Für die Russen ist der Weltraum trotz all ihrer wirtschaftlichen Probleme noch immer ein wichtiges Symbol nationaler Kultur. Für uns ist er nur ein weiterer Laden im Einkaufszentrum.«

Und was hat Amerikas Weltraumbehörde seit dem Ende von Skylab und der ASTP-Mission von 1975 inzwischen getan? Versucht, mit dem Entwurf eines neuartigen Raumfahrzeugs ihre Zukunft zu sichern.

EIN JAHRZEHNT SPÄTER.
Ein Blick aus der Ferne auf die Mir im Jahr 1996. Die seit 1986 angebauten Erweiterungen sind deutlich erkennbar.

DAS »ARBEITSPFERD«

James Webbs Nachfolger als Chef der NASA war Tom Paine, der 1968 ernannt wurde. Sein Hauptvermächtnis war das Skylab-Projekt, aber er brachte auch die Entwicklung des »Space Shuttle«, der »Raumfähre«, auf den Weg.

Paine fand ein gänzlich anderes politisches Klima vor als seinerzeit Webb, und in gewisser Weise war er nicht bereit zu akzeptieren, daß sich die NASA ändern mußte. Er glaubte, die Mondlandemissionen hätten einen Präzedenzfall für weitere Weltraumgroßprojekte geschaffen, aber er irrte sich. Apollo war die Ausnahme gewesen, nicht die Regel. Paine war es, der das Mondprogramm am Ende kürzte und damit versuchte, Geld zu sparen und den neuen Präsidenten von 1969, Richard Nixon, zu beschwichtigen.

Paine sah ein, daß amerikanische Steuerzahler es nicht länger tolerieren würden, teure Saturn-Raketen nach jedem Flug abschreiben zu müssen, doch er glaubte, die NASA habe eine Lösung für diese Verschwendung. Ihre vorgeschlagene Fähre war so konstruiert, daß sie wiederverwendbar war wie ein Flugzeug. Paine hoffte auf die Zustimmung der Nixon-Regierung, die Ersparnisse aus den gestrichenen Apollo-Flügen für die Entwicklung der Raumfähre verwenden zu dürfen, die genauso aussah wie die schlanken Raumgleiter in einem seiner Lieblingsgemälde, Chesley Bonestells Titelillustration für den ersten von *Collier's* Weltraumartikeln aus dem Jahr 1952. Leider war Paine den Nixon-Beratern nicht gewachsen, und er trat nach nur zwei Jahren zurück.

WELTRAUMTECHNOLOGIEN VON FLAGGSCHIFFEN: ALT, UNZUVERLÄSSIG UND TEUER.

Rußlands Raumstation Mir (oben) ist seit mehr als einem Jahrzehnt in der Umlaufbahn. Durch den Anbau neuer Module wurden die Leistungsfähigkeit der Station zwar verbessert und ihr Innenraum erheblich vergrößert, aber die 1986 gestarteten Kernelemente sind nicht mehr zuverlässig. Ohne ausländische Hilfe kann Rußland nicht mehr für die Kosten der Mir aufkommen.

Mittlerweile lassen auch Amerikas Raumfähren allmählich Alterserscheinungen erkennen. Das Foto zeigt die Atlantis bei ihrem Start vom Kennedy Space Center in Florida am 27. Juni 1995, auf dem Weg zu einem Rendezvous mit der Mir. Die älteste Raumfähre, Columbia, fliegt seit 1981. Die Haupttriebwerke beruhen auf Technologie aus den siebziger Jahren. Die NASA wird solange von Raumfähren abhängen, bis ein neues System entwickelt und finanziert werden kann, vielleicht in den nächsten 8–10 Jahren. Das ideale Startfahrzeug wird ein System mit einer einzigen Stufe sein, das leicht zu warten ist und keine Wegwerfkomponenten enthält.

USA
NASA
Atlantis
United States

(1986 erklärte er einem Journalisten: »Ich ging schließlich, weil ich glaubte, nicht die Art von Verhältnis zum Präsidenten entwickeln zu können, die der Leiter der NASA wirklich haben sollte.«)

Der nächste NASA-Administrator, Jim Fletcher, hatte auf 10 bis 15 Milliarden Dollar für den Bau der Fähre gehofft. Unter politischem Druck revidierte er seine Schätzung auf 8 Milliarden Dollar. Das war dem Weißen Haus noch immer zu teuer, und sie baten um ein weiteres, noch niedrigeres Budget, das ihnen zur Zustimmung vorgelegt werden sollte – bis Caspar Weinberger, ein führender republikanischer Politiker, einschritt und Präsident Nixon überzeugte, daß die Forderungen der NASA nicht endlos auf die lange Bank geschoben werden konnten. Man mußte zu irgendeinem Abschluß kommen. Am 12. August 1971 schickte Weinberger ein Memorandum an Nixon, ein einzelnes, kurzes Dokument, das wahrscheinlich das Raumfährenprogramm vor einem schleichenden Tod durch tausend Kürzungen rettete. Weinberger argumentierte, es bestünde die Gefahr, den Eindruck zu erwecken, daß »unsere besten Jahre hinter uns liegen und wir uns nach innen wenden«. Weiter stellte er fest: »Die Vorschläge der NASA sind von einigem Wert ... Der wahre Grund für die scharfen Kürzungen des NASA-Haushalts ist, daß wir ihn reduzieren, weil er reduzierbar ist, und nicht unbedingt, weil diese Behörde schlechte Arbeit leistet.«

WIDERWILLIGE ZUSTIMMUNG

Nixon befand sich in einer schwierigen Lage. Mit der Unterstützung der Öffentlichkeit für ein großes NASA-Programm konnte er nicht rechnen, aber er wollte auch das Weltraumengagement nicht völlig abwürgen, weil das dem internationalen Prestige Amerikas geschadet hätte. Und letzteres lag ihm sehr am Herzen, wo er sich doch so mit seiner rührigen ausländischen Diplomatie brüstete. Also kritzelte er eine kurze Notiz an den Rand von Weinbergers Memo: »Ich stimme Caspar zu.« Bis zum 5. Januar 1972, als Nixon offiziell das Raumfährenprogramm bekanntgab, war das bewilligte Budget jedoch auf 5,5 Milliarden Dollar geschrumpft, ein 30prozentiger Fehlbetrag zu der von der NASA als »niedrigste Option« angesehenen Finanzierung, noch bevor die ersten Hardware-Teile überhaupt gebaut waren. Die NASA war gezwungen, statt ihres idealen Konstruktionsentwurfs – einem »Huckepack«-Fahrzeug mit einer geflügelten Trägerrakete, die landen und wie das Hauptraumfahrzeug selbst wiederverwendet werden konnte – ein »zusammengestoppeltes« System zu ersinnen, mit einem Wegwerftreibstofftank und zwei Feststoffraketen. Ein zweckmäßiges System, das nach entsprechenden Anfangsinvestitionen sehr geringe Betriebskosten gehabt hätte, wurde durch etwas ersetzt, das billig zu bauen war. So stand die NASA schließlich mit einem mangelhaften Stück Technologie da.

Jeder bei der NASA hatte geglaubt, die Fähre sei nur ein Element jenes alten Traumes einer Infrastruktur im Orbit. Was wäre der Zweck einer Fähre, wenn sie nirgendwo hinfliegen könnte? Es gab zwar viele detaillierte Pläne für eine Raumstation, aber kein ernsthaftes Ersuchen zu ihrer Finanzierung. Die Behörde setzte darauf, zuerst ihr Fährenkonzept zu beweisen und die Mittel für eine Raumstation dann in späteren Jahren zu beantragen.

Angesichts der schwierigen finanziellen Lage führte Jim Fletcher ein Konzept ein, das damals eine kühne, praktische Initiative schien: den Plan, die Fähre sowohl Weltraumwissenschaftlern als auch der Privatindustrie als »Arbeitspferd« zur Verfügung zu stellen. Die NASA wollte versuchen, einen Teil der Kosten auszugleichen, indem sie Gebühren für das Starten anderer Leute Nutzlasten erhob. Fletcher gewann wieder verstärkt politische Unterstützung für die Fortführung eines bemannten Raumfahrtprogramms, indem er für private Kommunikationssatelliten, Experimente von Universitäten und militärische Nutzlasten einen billigeren Zugang zum Weltraum versprach. Diese Aussicht fand bei Nixon und nachfolgenden Präsidenten sicherlich Anklang. Es schien eine Möglichkeit zu sein, die NASA zu einer echten nationalen Ressource statt nur zu einem teuren Klub für Weltraumenthusiasten zu machen. Kritiker brachten – nicht ganz zu unrecht – vor, daß es keinen Grund gebe, Astronauten und Lebenserhaltungssysteme im selben Fahrzeug zu transportieren wie einen unbemannten Satelliten, der stets billiger mit einer kleinen Wegwerfrakete gestartet werden konnte. Aber die NASA wies darauf hin, daß die Raumfähre einen perfekten Kompromiß zwischen bemannten und unbemannten Operationen verkörpere, ein »Allzweck«-Raumschiff.

FLETCHERS ZAHLEN

James Fletcher berief sich auf ausgeklügelte Kosten-Nutzen-Analysen, um seine Argumente zu stützen. Er hoffte, sämtliche überalterten Wegwerfraketen der NASA eliminieren zu können. Aber die Fähre war noch nicht einmal gebaut, und niemand hatte Erfahrung mit dem Betrieb einer solchen Maschine, weil nichts dergleichen jemals zuvor geflogen war. Alle Zahlen über ihre zu erwartenden geringen Betriebskosten und ihre Zuverlässigkeit waren daher unweigerlich bestenfalls spekulativ. Die NASA sprach private Firmen, Universitäten und Forschungsinstitute an und versuchte, sie für den Kauf von Frachtraum an Bord der künftigen Raumfähre zu interessieren. Zunächst ging man von einer Gebühr von 220 Dollar pro Kilo aus, bei einer Rate von 50 oder 60 Starts pro Jahr, aufgeteilt zwischen einer Flotte von 5 Fähren. Diese Zahlen sollten sich als unrealistisch erweisen. Die NASA würde weniger als 1 Flug pro Monat durchführen können, und die Frachtpreise waren schließlich 50mal teurer als Fletchers Analytiker vorhergesagt hatten.

In den Siebzigern gab es mehrere Regierungswechsel im Weißen Haus. Der Watergate-Skandal beendete 1974 Nixons Amtszeit; Übergangspräsident Gerald Ford wurde von dem Demokrat Jimmy Carter abgelöst, den später die iranische Geisel-Krise lähmte. All diese politischen Dramen überschatteten das Schicksal der NASA.

Mit dem Start der ersten Raumfähre Columbia am 12. April 1981, gesteuert von Astronautenveteran John Young und dem Neuling Bob Crippen, hob sich auch wieder die Stimmung innerhalb der NASA. Nach einem Zwangsurlaub von 6 Jahren waren amerikanische Astronauten erneut im Weltraum. Die Fähre schien gut zu funktionieren, und nach 10 Jahren Gleichgültigkeit erreichte das Interesse der Öffentlichkeit an der Weltraumfahrt einen neuen Höhepunkt. Das Beste für die NASA aber war, daß der neueste Mann im Weißen Haus – Ronald Reagan – sich stark für ihr Schiff zu interessieren begann. Innerhalb seiner ersten Amtsperiode sollte er dem nächsten großen Preis der Weltraumenthusiasten seinen Segen geben: einer riesigen Raumstation im Orbit.

Doch zunächst mußten die NASA-Chefs einige harte Überzeugungsarbeit leisten.

DER KAMPF FÜR »FREEDOM«

1984 gab Präsident Reagan seine Unterstützung für eine neue, dauerhafte Weltraumstation bekannt, deren Fertigstellung für Anfang der neunziger Jahre geplant war. Im Laufe der nächsten 8 Jahre gab die NASA 8 Milliarden Dollar für zahlreiche komplizierte Überarbeitungen des Entwurfs aus, aber kein einziges Element der Station wurde gänzlich fertiggestellt oder gar in die Umlaufbahn gebracht. 1988 erhielt das Projekt einen Namen: »Freedom« (»Freiheit«).

EINE VON VIELEN VERSIONEN. Auf diesem Gemälde von 1991 besteht die Raumstation Freedom aus unter Atmosphärendruck stehenden Modulen, die an einem zentralen Gitterbalken montiert sind – hier gegen einen hellen Wolkenhintergrund zu sehen. Dieser Entwurf war nicht der erste und sollte auch nicht der letzte sein.

DER KAMPF FÜR »FREEDOM«

Ronald Reagan wurde 1981 Präsident und fegte Jimmy Carters gelähmte Regierung mit einer komfortablen Stimmenmehrheit hinweg. Reagan hatte die kühnste Einstellung dem Weltraum gegenüber seit Präsident Kennedy in den sechziger Jahren. Wie sich herausstellte, dachte er fürwahr in sehr großem Stil. Am 23. März 1983 machte er eine verblüffende öffentliche Ankündigung: »Bisher haben wir unsere nukleare Abschreckung auf die Androhung von Vergeltung gestützt. Was wäre, wenn wir in dem sicheren Bewußtsein leben könnten, feindliche Raketen abfangen zu können, bevor sie unseren Boden erreichen?« Reagan propagierte die »Strategic Defense Initiative« (SDI). Ein Netz von »Killer-Satelliten«, Laser-Plattformen und anderen exotischen Waffen sollte den Globus umspannen und die »Freie Welt« vor dem »sowjetischen Reich des Bösen« schützen, wie Reagan es einst genannt hatte.

Edward Teller, Erfinder der Wasserstoffbombe (und reales Vorbild für die Filmfigur Dr. Strangelove), hatte Reagan ein Hirngespinst aufgeschwatzt. Die meisten Wissenschaftler bezweifelten, daß SDI, auch »Star Wars« (»Krieg der Sterne«) genannt, wirklich zum Funktionieren gebracht werden konnte. Aber die Militärausgaben stiegen unter Reagan derart in die Höhe wie seit dem Höhepunkt des Vietnamkrieges nicht mehr, und Tellers Befürworter hatten kaum Schwierigkeiten, neue große Projekte ins Leben zu rufen. Eine Reihe von High-Tech-Firmen stellten ehrgeizige Behauptungen in Zusammenhang mit SDI auf, um riesige Forschungsmittel zu erhalten.

Man könnte durchaus behaupten, SDI habe »funktioniert«. Die Sowjetunion sah sich nicht in der Lage, vergleichbare Summen für die Forschung auszugeben, was sich merklich auf die Entspannung des Kalten Krieges Ende der achtziger Jahre auswirkte. Doch die Wahrheit ist nach wie vor, daß SDI eine teure technologische Lüge war. Einige Firmen versahen ihre Zielraketen von vornherein mit Sprengsätzen, damit es so aussah, als ob sie explodierten, wenn sie von Laserstrahlen, Abfangwaffen und so weiter »getroffen« wurden, die in Wirklichkeit weit danebengingen. Reagan mag nicht übermäßig an den technischen Details interessiert gewesen sein, aber in seinen nachfolgenden Abrüstungsverhandlungen mit Rußland nutzte er die angebliche Bedrohung durch SDI sehr effektiv aus.

Die SDI-Pläne des Pentagon waren jedoch real genug. Der Luftwaffenstützpunkt Vandenberg in Kalifornien wurde umgebaut, um Starts und Landungen von Raumfähren für Verteidigungszwecke zu ermöglichen, wenn es auch die Militärs irgendwie versäumten, eine eigene Raumfähre zu finanzieren. Statt dessen überredeten sie die NASA, ihnen kurzfristig Zugang zu Flügen zu gewähren, im Gegenzug für zweifelhafte politische Unterstützung. Die zivilen NASA-Mitarbeiter waren nicht glücklich über diese Abmachung, insbesondere da ihr ursprünglicher Auftrag aus dem Jahr 1958 dazu geführt hatte, daß die NASA als rein zivile Behörde Offenheit und eine nicht-aggressive

DER LOGISCHE NÄCHSTE SCHRITT? Mitte der achtziger Jahre hatte der NASA-Entwurf für die geplante Weltraumstation diese »Doppelkiel«-Gestalt. An ihrer breitesten Stelle hätte die Station eine Ausdehnung von nahezu 150 m gehabt. An den Gitterelementen sind astronomische Experimente und nicht unter Atmosphärendruck stehende Nutzlasten befestigt; eine Raumfähre hat angedockt. Das Feld aus sechseckigen Flächen oben im Bild besteht aus steuerbaren Solarofenspiegeln, die das Sonnenlicht fokussieren und effektiver elektrischen Strom produzieren als die Hauptsolarzellenflächen. Die freien rechteckigen Flächen sind Radiatoren (Kühlflächen).

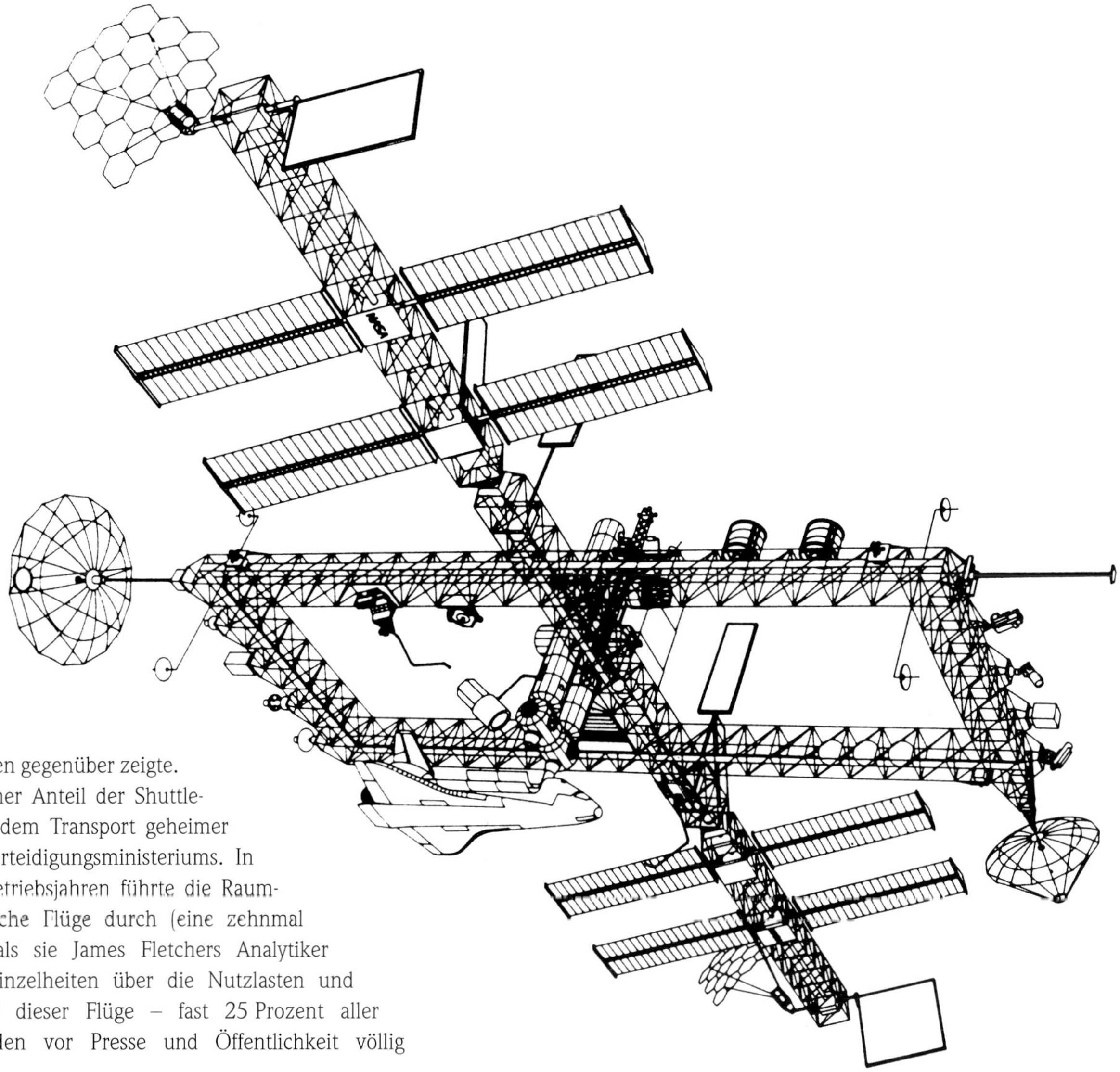

Haltung allen Fragen gegenüber zeigte. Doch ein merklicher Anteil der Shuttle-Flüge diente nun dem Transport geheimer Nutzlasten des Verteidigungsministeriums. In ihren ersten 10 Betriebsjahren führte die Raumfähre 42 erfolgreiche Flüge durch (eine zehnmal niedrigere Rate, als sie James Fletchers Analytiker erhofft hatten). Einzelheiten über die Nutzlasten und Aktivitäten bei 9 dieser Flüge – fast 25 Prozent aller Missionen – wurden vor Presse und Öffentlichkeit völlig geheimgehalten.

DIE RAUMSTATION WIRD ANGEPRIESEN

Im Juni 1981 setzte die Reagan-Regierung James Beggs an die Spitze der NASA. In den siebziger Jahren hatte Beggs unter Präsident Nixon als Verkehrsminister gedient und im Laufe seiner Karriere auch leitende Stellungen bei einigen der bekanntesten amerikanischen Konzerne innegehabt. Beggs' Stellvertreter wurde ebenfalls vom Weißen Haus ausgewählt: Hans Mark.

Mark war in den siebziger Jahren ein höheres Mitglied des Luftwaffenstabs für Carter gewesen und nun »scharf« darauf, selbst die Leitung der NASA zu übernehmen. Aber Beggs war ein echter Anhänger der Republikaner, und das verschaffte ihm einen Vorteil im Weißen Haus Reagans. Marks Stärke waren seine genauen Kenntnisse des Verteidigungswesens. Er besaß eine jungenhafte Begeisterung für die Weltraumfähre und war maßgeblich daran beteiligt gewesen, die Nutzlasten des Verteidigungsministeriums in den Startplänen der NASA unterzubringen. Er sah sich selbst als Friedensstifter zwi-

schen der zivilen Weltraumgemeinde und dem Militär. Nicht jeder bei der NASA stimmte ihm in diesem Punkt zu, aber als ehemaliger Schüler des H-Bomben-Experten Edward Teller glaubte Mark, die SDI-Anhänger im Weißen Haus dazu bewegen zu können, sich dem Weltraum gegenüber freundlicher zu zeigen. Während sich das Raumfährensystem nach dem ersten Flug der Columbia zu bestätigen begann, vollführten Beggs und Mark einen merkwürdigen Doppelakt. Keiner traute dem anderen wirklich, aber beide verfolgten mit großer Energie ein gemeinsames Ziel: den neuen Präsidenten der Vereinigten Staaten davon zu überzeugen, daß jetzt eine Raumstation gebaut werden mußte. »Es ist der logische nächste Schritt«, stellte Beggs fest.

Beggs argumentierte, daß die Russen, was Erfahrung im Orbit betrifft, noch immer um Jahre voraus seien, trotz des amerikanischen Triumphs der Mondlandung 1969, die allmählich zu »Ruhm von gestern« werde. In der Zwischenzeit versuchte Mark, seine Kontaktpersonen in der Luftwaffe und das Verteidigungsministerium im allgemeinen

HINTER DEM ZEITPLAN ZURÜCK. Dies ist eine frühe Version eines Raumstationsentwurfs, übernommen von einer 1982 erstellten Planungsstudie der Firma Rockwell (Hersteller der Raumfähren). Die NASA hatte gehofft, daß diese Station oder eine ganz ähnliche Anfang der neunziger Jahre in der Umlaufbahn sein würde.

für die Raumstation zu interessieren. Er wies auch die CIA darauf hin, daß sich solch eine große Plattform in der Erdumlaufbahn gut zum Spionieren eignen würde. Damit versuchte er, aus Reagans momentaner Begeisterung für die strategischen Vorteile der Weltraumfahrt Kapital zu schlagen. Aber die Satellitenexperten der CIA beharrten unbeirrbar darauf, daß Astronauten, die in der Station herumlaufen, die Bilder der Überwachungskameras verwackeln würden. Unbemannte Systeme seien sowohl billiger als auch effektiver, lautete ihre Empfehlung.

Beggs war nicht ganz glücklich über die Idee, seine kostbare Raumstation für militärische oder Spionagezwecke zu benutzen. Zunächst stimmten er und Mark in dieser Sache nicht überein. Andere innerhalb der NASA waren ebenfalls besorgt über eine Einbeziehung des Militärs. Doch die ganze Angelegenheit löste sich dann ohnehin in Luft auf, als klar wurde, daß Geheimdienst und Militär beide erbitterte Gegner der Station waren.

Es ist ganz interessant zu wissen, daß die »schwarze Kasse« für streng geheime Spionagesatelliten stets außerordentlich gut gefüllt ist. Diese Projekte werden »schwarz« genannt, weil jeder – sogar der Kongreß – über ihre wahre Natur und ihre Kosten völlig im dunklen gelassen wird. Ende der siebziger Jahre überstiegen die Haushaltsmittel für die CIA und für bestimmte geheime Weltraumprojekte zu Verteidigungszwecken sogar die zivilen Ausgaben. Die Weltraumstation der NASA stellte einen unwillkommenen Konkurrenten um Finanzmittel dar. Inzwischen liegen Amerikas Militärhaushalte im Mittel bei insgesamt 250 Milliarden Dollar pro Jahr, im Vergleich zu den 17 Milliarden Dollar der NASA.

Interessenkonflikte wie dieser zwischen der NASA, dem Verteidigungsministerium, der CIA und vielen weiteren großen Bundesbehörden erforderten ein ausgeklügeltes bürokratisches Puffersystem. Innerhalb der oberen Regierungsebenen war ein Gremium geschaffen worden, das den Namen »Senior Interagency Group« (SIG) trug und solche Probleme nach Möglichkeit ausbügeln sollte. Im Oktober 1982 wurde eine besondere Arbeitsgruppe einberufen, die sich speziell mit Fragen der Raumstation befassen sollte. John Hodge, ein aus Großbritannien stammender Veteran der ersten Mercury-, Gemini- und Apollo-Weltraumprojekte, leitete die Sitzungen mit Gespür und Entschlossenheit, aber es gelang ihm nicht, die verschiedenen Vertreter dazu zu bewegen, einer gemeinsamen Politik zuzustimmen. Hodge hatte innerhalb der NASA hart gearbeitet, eine Managementstruktur für die Raumstation geplant, die technischen Probleme überdacht und so weiter. Leute außerhalb der NASA zu einer Einigung zu überreden war eine noch schwierigere Aufgabe.

Diesmal war Caspar Weinberger, der 1971 soviel getan hatte, um das Raumfährenprogramm der NASA vor Nixons Ausgabenkürzungen zu retten, jedoch nicht gewillt zu helfen. Er lehnte die Raumstation rundweg ab. Weinberger war inzwischen Reagans Verteidigungsminister und bestrebt, so viele Fährenflüge wie möglich für Verteidigungszwecke zu reservieren. Er glaubte, die vorgeschlagene Station würde Startkapazitäten verschlingen und seinem Ministerium wertvollen Zugang zum Weltraum versagen. Laser-Satelliten und Raketenplattformen waren wichtiger als die Spielzeuge der NASA. Die Vertreter des Verteidigungsministeriums in Hodges Arbeitsgruppe machten ihre Einwände nur allzu deutlich. Die Gruppe entwarf eine Reihe von Vorschlägen, konnte sich aber nicht darüber verständigen, welche dieser Vorschläge, wenn überhaupt, Präsident Reagan zur Zustimmung vorgelegt werden sollten.

DER »STATIONS-VORSTEHER«.
James Beggs, NASA-Chef von 1981 bis 1985, setzte sich unermüdlich für den Bau der Raumstation ein, gewann die Unterstützung Präsident Reagans und regte eine internationale Zusammenarbeit an.

DIE BLOCKADE WIRD GEBROCHEN

Behindert durch zahlreiche Gegner, sicherte sich James Beggs die Hilfe eines wohlgesinnten Insiders im Weißen Haus, Colonel Gil Rye, um direkten Zugang zu Präsident Reagan zu erlangen. Rye war Beamter des Nationalen Sicherheitsrates, einer sehr hochrangigen Gruppe von Kabinettsberatern. Im Gegensatz zum Verteidigungsministerium mit seinem ziemlich beschränkten Blickwinkel war der Sicherheitsrat in der Lage, die amerikanischen Interessen unter einem breiteren Aspekt zu betrachten – einem Aspekt, unter dem eine Weltraumstation als nützliches Instrument der Geopolitik und der wirtschaftlichen Überlegenheit angesehen wurde. Reagans Nationaler Sicherheitschef Robert McFarlane und sein Stellvertreter Admiral John Poindexter bildeten ein Gegengewicht zu Weinbergers Widerstand gegen die Raumstation.

Am 7. April 1983 arrangierte Rye ein Treffen zwischen Beggs und dem Präsidenten. Zu Beggs' Erleichterung stellte sich heraus, daß Reagan den jüngsten Plänen der NASA weitgehend wohlwollend gegenüberstand. Schließlich war Reagan in seiner vorherigen politischen Inkarnation Gouverneur von Kalifornien gewesen, einem Staat, in dem einige sehr große Luft- und Raumfahrtunternehmen zu Hause sind – allen voran Rockwell, die Erbauer der Raumfähre. Von den innenpolitischen Resonanzen ganz abgesehen, glaubte Reagan, daß eine Weltraumstation sich sehr gut in seine Vision von einem starken Amerika einfüge. Doch zahlreiche Leute innerhalb seiner Regierung waren nicht damit einverstanden. Reagan fällte nicht gern wichtige Entscheidungen ohne die Zustimmung all seiner höheren Mitarbeiter, und so blieb es zweifelhaft, wie seine endgültige Entscheidung ausfallen würde.

Bis August 1983 hatte Hodges SIG-Arbeitsgruppe nach vielem Hin und Her einen Vorschlag zur Raumstation für Reagan ausgearbeitet, aber bestimmte Mitglieder der Gruppe, bis zuletzt ausgesprochen feindselig gestimmt, weigerten sich, die Papiere dem Präsidenten zur Inspektion vorlegen zu lassen. Colonel Rye mag behilflich gewesen sein, die Blockade aufzubrechen, indem er hinter dem Rücken der Stationsgegner vorging. Ende 1983 erkannte er, daß das Hauptproblem der SIG im traditionellen Kampf zwischen der NASA und dem Verteidigungsapparat lag. Es war an der Zeit, eine dritte Partei ins Spiel zu bringen, den Handels- und Wirtschaftsrat, der all jene Leute im Land außerhalb der NASA vertrat, die am meisten von einem Raumstationsprogramm profitieren würden: das halbe Dutzend riesiger und politisch einflußreicher Konzerne der Weltraumindustrie; die Hunderte kleiner Unterlieferanten; die Zehntausende Fabrikarbeiter im ganzen Land; die Kongreßabgeordneten, die sie vertraten und auf ihre Stimmen zählten – und auf die Wahlkampfmittel, die die großen Unternehmen freundlicherweise Politikern zukommen ließen, die ihnen wohlgesinnt waren ... Am Ende würden die Gegner der Raumstation im Verteidigungsministerium dem mächtigen Dollar nicht gewachsen sein.

Am 1. Dezember 1983 brachte Rye die Wirtschaftsleute zu einem diskreten Treffen mit Reagan ins Weiße Haus. Da sich die wirtschaftlichen Interessen nun auf die Seite der NASA geschlagen hatten, nutzte Reagan diese Sitzung als Anstoß für seine Zustimmung. Er kündigte das Projekt einer Weltraumstation in seiner Rede zur Lage der Nation am 25. Januar 1984 an, einer so bedeutenden Veranstaltung, wie Beggs es sich nur wünschen konnte. »Heute abend weise ich die NASA an, eine dauerhaft bemannte Raumstation zu entwickeln, und zwar innerhalb eines Jahrzehnts ... Wir möchten, daß unsere Freunde uns bei dieser Aufgabe helfen und die Nutzen mit uns teilen. Die NASA wird andere Länder einladen, sich zu beteiligen, damit wir den Frieden stärken und für alle, die unsere Ziele teilen, Wohlstand schaffen und die Freiheit weiter verbreiten können.«

MAN SCHAFFT SICH FEINDE

Beggs, Mark und Rye hatten einen wichtigen Meilenstein erreicht: die Zustimmung des Präsidenten für ein großes, neues bemanntes Weltraumprojekt. Dabei hatten sie einige sehr mächtige Leute gegen sich aufgebracht. Reagans Chef-Wissenschaftsberater, George Keyworth, war aus der Atomwaffenforschung ins Weiße Haus gekommen. Er befürwortete noch nicht einmal entfernt die NASA und ihre Raumschiffe. Schlimmer noch, Ryes Taktik hatte Keyworth völlig umgangen, und er war wütend, daß Beggs Reagan ohne sein Wissen oder seine Zustimmung Pläne für die Raumstation gezeigt hatte. Die SDI-Lobby im Weißen Haus war größtenteils auf Keyworths Seite. Sie befürchteten, daß eine NASA-Station ihren eigenen Lieblingsplänen Ressourcen entziehen könnte.

Offene Feldschlachten zwischen Wissenschaftsberatern des Präsidenten und NASA-Chefs sind nichts Ungewöhnliches. Anfang der sechziger Jahre hatte Präsident Kennedys Wissenschaftsberater Jerome Weisner heftig gegen Jim Webbs Mondflugpläne opponiert. Bei einer denkwürdigen Gelegenheit wurde ein britischer Regierungsbeamter während eines diplomatischen Besuchs Zeuge eines regelrechten Krachs zwischen Weisner und Webb. Später, in privater Umgebung, fragte der britische Besucher Präsident Kennedy: »Wer wird denn gewinnen?« Kennedy grinste und sagte: »Webb wird gewinnen. Er hat das ganze Geld, und Jerry Weisner hat nur mich.« Zwanzig Jahre später sollte der Chef der NASA feststellen, daß sich das Blatt gewendet hatte. Nun hatte Keyworth das ganze Geld, und Beggs hatte nur den Präsidenten.

Keyworth war kein Mann, den man gefahrlos beleidigte. Tatsächlich war das Weiße Haus Reagans insgesamt kein Ort, um sich ohne Risiko Feinde zu schaffen. Binnen zweier Jahre sollte Rye es in aller Stille verlassen, um einer privaten Karriere nachzugehen. Hans Mark, von seinen »Freunden« im SDI-Lager im Stich gelassen, trat als Beggs' Stellvertreter zurück und wurde Kanzler der Universität von Texas. Und Beggs, der partout nicht einsehen wollte, daß ihm einige seiner Washingtoner Gegner gefährlich werden könnten, sollte bald seine gesamte Karriere und seinen Ruf bei der NASA in Zweifel gezogen sehen, wahrscheinlich als Folge der gegen in gerichteten politischen Feindseligkeiten.

Die Station selbst und ihre von Rye durch die Hintertür arrangierte Genehmigung waren keinesfalls die einzigen Punkte, die für Aufregung sorgten. Präsident Reagans Rede hatte noch eine weitere Überraschung für die Feinde der NASA enthalten.

DER INTERNATIONALE BLUFF

Kurz vor seiner Rede zur Lage der Nation hatte Reagan europäische, japanische und kanadische Regierungschefs in privaten Memoranden von seiner Absicht unterrichtet, sie zur Teilnahme an dem Raumstationsprojekt einzuladen. Seine öffentliche Ankündigung am 25. Januar kam für viele Menschen in Amerika selbst überraschend. Wie konnte Reagan eine so offene Verpflichtung zur Zusammenarbeit mit anderen Staaten eingehen, ohne daß irgend jemand vorher davon wußte?

Zusammen mit nur einer Handvoll wohlgesinnter höherer Politiker war es James Beggs' Team (insbesondere den hart arbeitenden NASA-Experten für internationale Angelegenheiten Kenneth Pedersen und Peggy Finarelli) gelungen, ohne größere äußere Konsultationen ein internationales Element in Reagans Rede einzubauen. Mit anderen Worten, sie hatten möglichen Kritikern keine Chance zur Ablehnung gegeben. Der Siegespreis bei diesem Spiel wäre, wie sie sehr wohl wußten, ein Schutzschild für

die Station gegen Budgetkürzungen durch den Kongreß. Viele Politiker würden aufhören, das Projekt anzugreifen, wenn Amerikas internationales Prestige auf dem Spiel stand. In den Wochen nach Reagans Rede empfahlen McFarlane und Poindexter im Nationalen Sicherheitsrat, daß Beggs nach Europa, Kanada und Japan reisen solle, um für eine Zusammenarbeit an der Raumstation zu werben. Mit Reagans Erlaubnis durfte Beggs eine Präsidentenmaschine für seine Flüge benutzen, was seinen Ruf als offizieller Abgesandter der amerikanischen Regierung stärkte. Beggs war immer der Meinung gewesen, daß dies die richtige Politik sei. Von Beginn der ersten Planungen für eine Raumstation an war die NASA von irgendeiner Art internationaler Beteiligung ausgegangen. Im November 1982 hatte jedoch das Verteidigungsministerium eine gesetzliche Verordnung durchgesetzt, die Raumfahrtunternehmen den Kontakt zu ausländischen Ingenieuren verbot – wegen der Gefahr eines »Technologie-Transfers«. Einige Passagen in Reagans Rede sorgten im Verteidigungsministerium sicherlich für rote Ohren.

Die Ankündigung einer internationalen Zusammenarbeit brachte eine ganze Reihe von Alarmglocken zum Schrillen, und das nicht nur im Verteidigungsministerium. Bei dem von Gil Rye im Dezember 1983 organisierten Treffen zwischen den Handels- und Wirtschaftsvertretern und Reagan war ein überzeugendes Modell der Raumstation vorgestellt und klar gemacht worden, was dies für amerikanische Firmen bedeutete. Doch Rye hatte absichtlich nichts von einer Beteiligung ausländischer Firmen verlauten lassen. Jetzt war die Katze aus dem Sack und die amerikanische Industrie verärgert. Auch die verschiedenen Raumflugzentren der NASA waren besorgt. Wieviel Kontrolle würde ausländischen Behörden geopfert werden müssen? Wer wäre verantwortlich für die zusätzlichen Managementebenen?

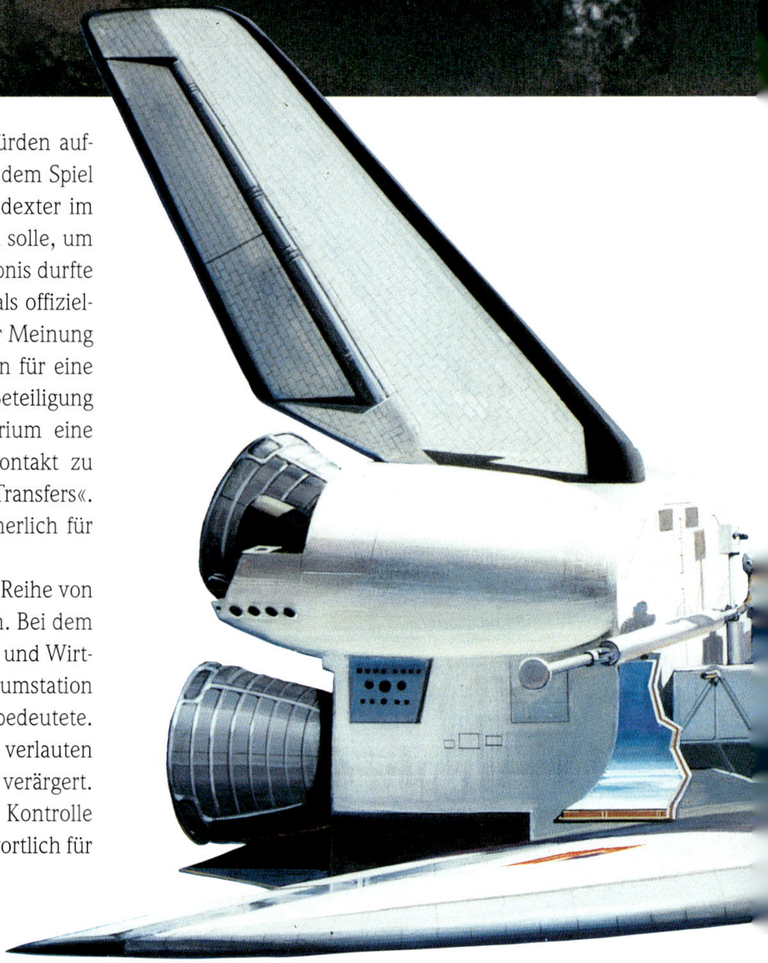

Als Reaktion darauf bat Beggs seine europäischen Verhandlungspartner, ob sie sich vielleicht auf allgemeinere Themen konzentrieren könnten, zum Beispiel, wie sie eine zukünftige Raumstation nutzen wollten, und nicht, wie diese tatsächlich gebaut werden könnte. Doch die Europäer machten deutlich, daß sie am Bau beteiligt werden wollten. Sie hatten ihre eigenen Luft- und Raumfahrtunternehmen, für die sie sorgen mußten, und wollten Bauaufträge in ihre eigenen Länder lenken. In vielerlei Hinsicht erweckte Beggs' internationales Glücksspiel eher den Anschein, als ob es mehr Probleme schaffen als lösen könnte.

Aber Beggs hatte noch eine Karte im Ärmel. Tatsächlich hatte er, seit er für die NASA zu arbeiten begann, nicht ganz mit offenen Karten gespielt, was die internationale Problematik anbelangte. 1982 reiste er viel und suchte nur informelle Zustimmung anderer Länder zu Studien über die Raumstation. Im Sommer 1983 lud er interessierte Parteien aus Europa, Kanada und Japan zusammen mit amerikanischen Kongreßabgeordneten sowie Vertretern des Verteidigungsministeriums und anderer wichtiger Regierungsabteilungen zu einem Symposium ein. In seiner programmatischen Rede erklärte er, der Zweck einer Raumstation »ist natürlich, unsere Führungsrolle zu behalten.« Das Unbehagen der ausländischen Delegierten bei dem Gedanken, nur die zweite Geige nach der NASA zu spielen, schlug in völliges Erstaunen um, als Beggs fortfuhr: »Wenn wir eine internationale Zusammenarbeit erreichen können, dann werden andere Nationen die Mittel, die sie für den Weltraum ausgeben, dazu verwenden, um mit uns zusammenarbeiten, und nicht, um mit uns zu konkurrieren.«

Natürlich war Beggs' Rede hauptsächlich gedacht, die amerikanischen Teilnehmer des Symposiums zu beruhigen. Seine Folgerung war klar. Die Beteiligung ausländischer Firmen am Raumstationsprojekt würde jene Länder teilweise davon abhalten, unabhängige, konkurrierende Einrichtungen im Weltraum zu bauen, und somit letztlich

EUROPA IM WELTRAUM. Juni 1995: Die Raumfähre *Atlantis* in der Umlaufbahn über dem Aralsee, mit dem in Europa gebauten Spacelab in der Ladebucht. Die Zeichnung unten zeigt eine typische Spacelab-Konfiguration, wie sie in einer Raumfähre transportiert wird. Es können unterschiedliche Kombinationen von Bauteilen geflogen werden, die zum Beispiel zusätzliche Möglichkeiten für Experimente zur menschlichen Physiologie in dem unter Atmosphärendruck stehenden zylindrischen Abteil bieten oder aber mehr Experimente auf den offen dem Weltraum ausgesetzten Palettengestellen ermöglichen. Das Druckmodul hat 4 m Durchmesser. Ein typisches Spacelab wiegt 11 350 kg.

amerikanische Arbeitsplätze retten und nicht bedrohen. Die anderen zukünftigen Raumstations-»Partner« waren erstaunt, daß Beggs das amerikanische Eigeninteresse so lauthals offenlegte.

Beggs' Rede mag hauptsächlich auf seine heimatliche Zuhörerschaft zugeschnitten gewesen sein, doch sie enthielt eine wesentliche Wahrheit. Die Beteiligung anderer Länder an der NASA-Raumstation würde in der Tat Ressourcen von deren eigenständigen Projekten abziehen, wenn sie nicht sehr viel mehr Geld aufwenden wollten als bisher. Aber Präsident Reagans Einladung konnte schlecht abgelehnt werden, ohne den Anschein zu erwecken, es fehle ihnen an technologischem Mut oder Wissen. Trotz ihrer Zweifel beschloß die ESA schließlich, daß die Station ein lohnendes Ziel sein könnte. Natürlich hatten »Weltraumenthusiasten« in allen Mitgliedsländern ihre Regierungen genauso hart gedrängt wie die NASA das Weiße Haus.

QUER ÜBER DEN ATLANTIK

Europas Engagement im Weltraum, bei dem französische, deutsche, italienische und so viele weitere rechtmäßige nationale Interessen involviert waren, hätte inzwischen sehr wohl zusammenbrechen können, wenn nicht zwei Jahrzehnte zuvor eine europaweite Entscheidung getroffen worden wäre, europäischen Weltraumambitionen eine gemeinsame Stimme zu geben: die Europäische Weltraumagentur (ESA). 1973 gegründet, teilte die ESA viele Ziele der NASA: unterschiedliche Bestrebungen zu einem einzigen zusammenhängenden Programm zu vereinen. Die amerikanische Behörde und ihr russisches Gegenstück mußten die ESA als dritten wichtigen Mitspieler im Weltraum anerkennen.

Eine bereits bestehende französische Raketenteststation in Kourou in Franz.-Guayana wurde als Startzentrum für eine neue Generation europäischer Raketen ausgebaut. Am Weihnachtsabend 1979 absolvierte die leistungsstarke, 50 Meter hohe »Ariane«-Rakete der ESA ihren Jungfernflug. Im folgenden Jahr wurde ein privates Geschäftskonsortium, Arianespace, gegründet, um diese Raketen kommerziell zu bauen und zu starten. Das Konsortium wurde von 36 großen Luft-, Raumfahrt- und Technologiefirmen aus ganz Europa unterzeichnet und von 13 großen Banken unterstützt. Dies war ein sehr ehrgeiziges wirtschaftliches Unternehmen, das eine größere Bedrohung für die schwindende Vorherrschaft der NASA im unbemannten Startgeschäft darstellte. Trotz gelegentlicher Fehlschläge erwies sich Ariane als gutes Transportmittel, das in der Lage war, die hohen Umlaufbahnen zu erreichen, die für Kommunikations- und Erdbeobachtungssatelliten nötig waren. Am 22. Mai 1984 war Arianespace bereit, ihren ersten Kunden in die Umlaufbahn zu bringen – einen amerikanischen kommerziellen Satelliten.

Die NASA hat die ESA stets als beides angesehen: als Bedrohung sowie als potentiellen Partner. Seit 1969 hatte Amerika um eine breite europäische Beteiligung an Weltraumunternehmungen geworben. Sobald die ESA 1973 gegründet war, ersuchte die NASA sie formell um Mitarbeit an »Spacelab« (»Weltraumlabor«), einem unter Atmosphärendruck stehenden wissenschaftlichen Modul, das in der Ladebucht einer amerikanischen Raumfähre transportiert werden sollte – zumindest, wenn die Fähre einmal gebaut war. In den siebziger Jahren, auf dem Höhepunkt ihrer Bemühungen, das Raumfährenkonzept dem Kongreß schmackhaft zu machen, wußte die NASA, daß ein europäischer Beitrag eine Entschädigung für die Tatsache wäre, daß sie sich noch nicht beides leisten konnte, eine Raumfähre und eine Raumstation. Tatsächlich war Spacelab ursprünglich nur eine von drei Optionen zur Zusammenarbeit, die Europa angeboten

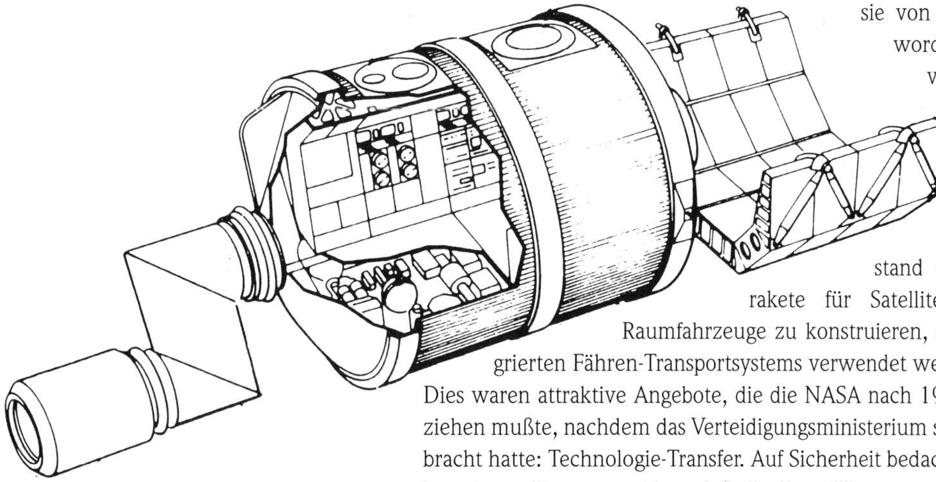

wurden. Sogar als die ESA Anfang der siebziger Jahre erst im Entstehen begriffen war, war sie von der NASA bereits eingeladen worden, sich an der Entwicklung von Teilen der Fähre selbst zu beteiligen, insbesondere des Heckabschnitts und der 18 Meter langen Ladebuchttüren.

Eine zweite Option bestand darin, eine mittelgroße Startrakete für Satelliten und kleine »Schlepper«-Raumfahrzeuge zu konstruieren, die als Bestandteile eines integrierten Fähren-Transportsystems verwendet werden konnten. Dies waren attraktive Angebote, die die NASA nach 1972 aber leider wieder zurückziehen mußte, nachdem das Verteidigungsministerium seinen Lieblingseinwand vorgebracht hatte: Technologie-Transfer. Auf Sicherheit bedachte amerikanische Regierungsbeamte wollten vermeiden, daß die Raumfähren von irgendwelchen ausländischen Bauteilen abhängig würden. Die Europäer hatten bereits 20 Millionen Dollar für potentielle Entwicklungsarbeiten an der Raumfähre ausgegeben, als die NASA ihnen 1973 höflich mitteilte: Spacelab oder gar nichts. Spacelab war eine Gast-Nutzlast an Bord der Raumfähre, für deren Bau keine sensiblen Einzelheiten der Raumfähren-Hardware offengelegt werden mußten.

BEISPIELHAFT.
Die Erfahrung mit Spacelab erwies sich beim Entwurf möglicher Innenarbeitsräume der neuen Raumstation als sehr wertvoll, wie in dieser NASA-Illustration von 1989 dargestellt.

IM INNEREN VON SPACELAB. Eine typische Innenansicht von Europas wichtigster bemannter Weltraumeinrichtung. 1975 arbeiteten NASA und ESA gemeinsam am Bau von Spacelab, einem wissenschaftlichen Arbeitsmodul, das in der Ladebucht einer Raumfähre transportiert wird. Das Innere des Labors bietet eine ordentliche, gut organisierte Arbeitsumgebung, mit Ausrüstungspaletten, die für eine Vielzahl von Missionserfordernissen ausgewechselt werden können. Am 28. November 1983 flog zum ersten Mal eine Version des Labors. John Young war Kommandant der Raumfähre *Columbia* mit Brewster Shaw als Kopilot. Die amerikanischen Besatzungsmitglieder von Spacelab waren Robert Parker und Owen Garriot (ein Skylab-Veteran). Byron Lichtenberg und Ulf Merbold bildeten die europäische Mannschaft.

SPACELAB

Etwa 20 Millionen Dollar für nichts ausgegeben zu haben, war ein schwerer Schlag, den die europäische Weltraumgemeinde von ihren unberechenbaren amerikanischen Partnern einstecken mußte. Aber sie schluckte ihren Stolz hinunter und traf ein neues Abkommen. Am 14. August 1973 wurde eine Vereinbarung zwischen NASA und ESA unterzeichnet. Der Plan sah vor, daß die europäische Industrie kostenlos ein komplettes Spacelab-Modul liefern sollte, wobei Deutschland die führende Rolle bei der Konstruktion, der Finanzierung und dem Bau übernahm. Im Gegenzug würden amerikanische Raumfähren das Labor zusammen mit europäischen Astronauten ins All transportieren. Die NASA würde dann die Hardware für »mindestens einen« Satz Spacelab-Module, vielleicht aber sogar für ein halbes Dutzend, von der ESA erwerben und damit dazu beitragen, die europäischen Entwicklungskosten aufzufangen.

Der Bau des ersten Spacelab kostete umgerechnet 1 Milliarde Dollar – mehr als doppelt so viel wie erwartet. Die ESA hatte mit Sicherheit versucht, ihren Teil des Abkommens einzuhalten, aber die Entwicklung der Raumfähre durch die NASA dauerte länger als geplant. Obgleich Spacelab eine Gast-Nutzlast und nicht Teil der Fähre selbst war, wurde es so konstruiert, daß es sehr genau in die Ladebucht paßte. Konstruktionsänderungen der amerikanischen Hardware führten damit unweigerlich zu teuren Änderungen bei den Systemen der ESA. Doch der Bau schritt ohne allzu viele Verstimmungen voran, und schließlich fand am 28. November 1983 der erste Flug von »Spacelab 1« im Bauch der Raumfähre *Columbia* statt. An Bord war Dr. Ulf Merbold, der erste europäische Astronaut. Probleme mit Instrumenten verzögerten die nächste Mission, aber im April 1985 war Spacelab wieder oben, diesmal an Bord der Raumfähre *Challenger*.

Spacelab ist ein Baukastensystem aus auswechselbaren Abteilen, die unter Atmosphärendruck stehen, und äußeren »Tragrosten« für Experimente, die der Weltraumumgebung unmittelbar ausgesetzt sein müssen. Die bewohnbaren Mannschaftsabteile haben etwas über 4 Meter Durchmesser, das Maximum, das die Ladebucht einer Raumfähre aufnehmen kann. Ein schmaler Tunnel verbindet das Labor mit dem Cockpit der Fähre, und die Module sind vollgepackt mit Computern und Steuerungsausrüstung für die Außenexperimente. Alles in allem ist Spacelab ein gutes System. Während seiner ersten Flüge wurde seine Leistung im wesentlichen dadurch eingeschränkt, daß die Gastgeber-Fähren nicht viel länger als eine Woche in der Umlaufbahn bleiben konnten.

Nachdem sich Beggs und Reagan über die Raumstation geeinigt hatten, reiste der NASA-Chef 1984 durch Europa und lud die Mitgliedstaaten der ESA ein, »an Bord zu kommen«. Doch zunächst befürchteten die ESA-Strategen, daß das Projekt ihr neues Spacelab überflüssig machen könnte, wo es doch gerade erst seinen Wert zu zeigen begann. Die NASA versicherte ihnen, daß die Station eine langfristige Option und Spacelab in der Zwischenzeit noch sehr nützlich sei. Zunächst zögernd, aber dann mit wachsender Begeisterung kam die ESA an Bord, nicht gewillt, zurückzubleiben. Doch aufgrund ihrer vorherigen Erfahrungen bei der Zusammenarbeit mit Amerika – und im Bewußtsein, daß die NASA beim Raumstationsprojekt »die Führungsrolle behalten« wollte – hoffte die ESA, ihre zukünftige Abhängigkeit von amerikanischer Hardware reduzieren zu können. Spacelab flog nicht ganz so oft, wie ihr versprochen worden war (10 Flüge in 15 Jahren), weil die Fähre selbst die erwartete Startrate von 60 Starts pro Jahr nicht erfüllte. Insgesamt gab es im Mittel kaum 6 Fährenflüge pro Jahr, und dabei waren amerikanische Nutzlasten noch immer in der Überzahl.

Schlimmer noch, aus dem ursprünglichen Versprechen der NASA, »mindestens ein« komplettes Spacelab von der ESA zu kaufen, mit dem Hinweis auf mögliche 6 weitere, wurde nur die eine feste Bestellung, die im Vertrag als Minimum festgesetzt war. Die NASA benötigte all ihr Bargeld für die Raumfähre, und daher war die ESA nicht in der Lage, die Kosten für den Bau von Spacelab durch den Verkauf zusätzlicher Ausrüstung wieder hereinzuholen. Das nächste Mal, so beschloß daraufhin die ESA, würde sie strengere, eindeutige Verträge abschließen, die nicht irgendwelche lockeren Regelungen enthielten. Es war eine Lektion in der Art von Politik, in der »mit harten Bandagen gekämpft« wird.

DIE SUCHE NACH UNABHÄNGIGKEIT

Die Spannungen zwischen Amerika und Europa wurden durch einige wichtige Überlegungen wieder wettgemacht, die nichts mit Geld oder Politik zu tun hatten. Auf der untersten Ebene genossen Ingenieure und Wissenschaftler beider Seiten ihre gemeinsamen Bemühungen. Diese »Schrauben-und-Bolzen«-Leute sprachen wirklich eine gemeinsame Sprache, und aus der Spacelab-Erfahrung war etwas Positives hervorgegangen. Die NASA stellte sich gern vor, sie habe den Europäern beigebracht, wie man ein Weltraumgroßprojekt durchführt. Die ESA-Manager waren sich da nicht so sicher, aber sie hatten in der bemannten Raumfahrt sicher Fuß gefaßt und dabei zahlreiche wertvolle wissenschaftliche Untersuchungen durchgeführt.

Mit der NASA zusammenzuarbeiten war sehr viel besser, als gar keinen Zugang zum Weltraum zu haben; aber bis 1985 hatte der Wunsch der ESA nach einem gewissen Grad an Unabhängigkeit konkrete Formen angenommen, guter Wille hin, guter Wille her. Sie begann mit detaillierten Konstruktionsarbeiten an ihrer eigenen Minifähre, der »Hermes«, sowie einer stärkeren Version ihrer Ariane-Rakete, die Hermes und andere große Nutzlasten in die Umlaufbahn bringen sollte. Die ESA machte auch deutlich, daß sie nicht mehr die zweite Geige spielen wollte. Am 31. Januar 1985 gab sie eine scharf formulierte offizielle Erklärung ab, in der sie ihre Position bezüglich der Raumstation klarlegte: »Europa strebt nach angemessener Beteiligung, mit Zugang und Nutzung

aller Elemente der Station auf einer nicht diskriminierenden Grundlage.« Die ESA würde die NASA nicht als unangefochtene »Leiterin« des Projekts akzeptieren. Es folgten 3 Jahre Verhandlungen mit den Amerikanern.
Bis 1987 hatte sich ein Projekt namens »Columbus« zum zentralen Element der ESA-Pläne entwickelt, und ohne dieses Programm war ihr Hermes-Raumflugzeug sinnlos. Columbus bestand aus drei getrennten Elementen: einer kleinen, unbemannten »frei fliegenden« Experimentenplattform im Weltraum, die automatisch gesteuert und gelegentlich von Hermes gewartet werden sollte; einer größeren, von Astronauten versorgten freifliegenden Einheit, die an die Hermes-Raumfähre ankoppeln und dabei kurzfristig als kleine Raumstation dienen konnte; und schließlich das wichtigste Element, ein großes unter Atmosphärendruck stehendes Modul, das an die NASA-Raumstation angebaut werden konnte. Trotz scharfer Worte orientierten sich die Ziele der ESA noch immer stark an den Versprechungen Amerikas.

»FREEDOM« IN KETTEN

Als Präsident Reagan 1984 das Raumstationsprojekt ankündigte, hatte man ein achtjähriges Entwicklungsprogramm mit einem Haushalt von 8 Milliarden Dollar für diesen Zeitraum ins Auge gefaßt. James Beggs freute sich. Er hatte das Gefühl, der NASA ein wirklich ehrgeiziges Projekt verschafft zu haben, bei dem sie sich richtig ins Zeug legen konnte. Aber einige seiner höheren Beamten waren nicht so zufrieden. Den Veteranen des Apollo-Projekts war eine Station in der Erdumlaufbahn bei weitem nicht genug. Milliarden wurden für die Verteidigung und SDI ausgegeben, und diejenigen, die einst den Mond erobert hatten, waren der Meinung, daß die Behörde sich einen größeren Anteil an diesen Ausgaben hätte erkämpfen sollen – für eine bemannte Mars-Mission.
Wie sich jedoch herausstellte, hatte Beggs durchaus etwas Handfestes erreicht. Die Raumstation war ein sehr viel größeres und teureres Vorhaben, als die NASA ursprünglich angegeben hatte. 6 Monate nach Reagans Ankündigung nahmen Haushaltssachverständige des Kongresses die voraussichtlichen Kosten der Station etwas näher unter die Lupe. Bei den nominellen Kosten von 8 Milliarden Dollar war zwar die eigentliche Hardware eingerechnet, nicht aber ihre langfristigen Betriebskosten und auch nicht all die Flugkosten für die Starts der einzelnen Komponenten. Als schließlich all die verschiedenen zusätzlichen Kosten mit einbezogen waren, drohte die Zahl auf dem Preisschild 20 Milliarden Dollar zu überschreiten. Die Tatsache, daß die Politiker im Kapitol noch immer Interesse zeigten, auch nachdem die wahren Kosten offenbar wurden, war Beggs' Hartnäckigkeit zu verdanken. Reagan war ein populärer Präsident, und als Beggs ihn überredete, die Raumstation zu unterstützen, erhielt die NASA wertvollen politischen Auftrieb. Beggs' alter Kollege und Stellvertreter Hans Mark sagte über ihn: »Er wird als der NASA-Administrator in Erinnerung bleiben, der einen Präsidenten erfolgreich überreden konnte, etwas Neues zu unternehmen.«
Leider wird die amerikanische Weltraumpolitik selten von Präsidenten allein entschieden. Die Haushaltsforderungen der NASA werden jährlich von einer ganzen Reihe von Kongreßausschüssen überprüft. Das Budget der Raumstation wurde stückchenweise bewilligt, jedes Jahr ein paar hundert Millionen Dollar. Ende der achtziger Jahre steigerte sich der Betrag zwar auf rund 1,5 Milliarden Dollar pro Jahr, doch der Kongreß wollte noch immer keine wesentlichen längerfristigen Verpflichtungen eingehen. Die NASA und die Politiker im Kapitol nahmen einen ermüdenden Kampf um die Zukunft der Raumstation auf, der selbstzerstörerisch teuer war und sich über

EIN GEFÄHRLICHES GESCHÄFT. Auf dem Mitteldeck einer Raumfähre sind Astronauten in ihren Liegen angeschnallt. Das Mannschaftsabteil bietet Platz für 7 Leute, 3 auf dem Mitteldeck und 4 im Cockpit. Alle Besatzungsmitglieder tragen beim Start Druckanzüge, falls etwas passiert. Die Startphase einer Raumfähre ist sehr gefährlich. In den ersten 3 Minuten des Fluges liefern 2 Feststoff-Hilfsraketen zusätzlichen Schub. Einmal gezündet, können sie nicht mehr abgestellt werden. Die Fähre kann sie nicht abwerfen, bevor sie nicht ihren gesamten Treibstoffvorrat verbraucht haben. Viele altgediente Apollo-Ingenieure waren über dieses Konstruktionsdetail entsetzt. Sie konnten nicht verstehen, wie die NASA ein Fahrzeug ohne Rettungseinrichtung für die Startphase bauen konnte. Alle früheren Kapseln besaßen Schleudersysteme oder kleine Düsentriebwerke, die innerhalb kürzester Zeit die Mannschaftskapseln automatisch von fehlerhaft arbeitenden Trägerraketen wegkatapultierten.

mehr als ein Jahrzehnt hinzog. Das umstrittenste Element der Debatte war gleichzeitig auch das offensichtlichste. Niemand, und am wenigsten die eifrigsten Befürworter der NASA, konnte erklären, welchem Zweck eine Raumstation letztlich dienen sollte. Dieses Problem wurde durch Meinungsverschiedenheiten innerhalb der NASA noch verstärkt.

Obwohl die Behörde gemeinhin als eine Einheit angesehen wird, traf dies niemals zu. 1958 wurde sie im wesentlichen aus einer bunten Mischung bereits bestehender Forschungszentren für Raketenbau, Flugzeugtests, Astronomie, Naturwissenschaften und Elektronik geschaffen, die alle ihre eigene lange Geschichte und Tradition hatten. Sie wurden zu den sogenannten »Raumflugzentren«, den weit verstreuten Komplexen, die die Weltraumprogramme tatsächlich von Mal zu Mal ersinnen und durchführen, wobei sich jedes Zentrum angeblich auf eine andere Tätigkeit spezialisiert. In den sechziger Jahren schloß ein starkes zentrales Management seitens des NASA-Hauptquar-

tiers in Washington diese lockere Allianz zu einem festen Ganzen zusammen. Webb und seine höchsten Mitarbeiter beschlossen, was die NASA macht. Die Raumflugzentren bestimmten dann, wie die ihnen anvertrauten Missionen durchgeführt werden. Doch nach der Apollo-Ära war es schwieriger, Gelder für Weltraumunternehmungen zu erhalten, und die NASA-Chefs mußten mehr Zeit darauf verwenden, eine Überlebensstrategie zu entwickeln – nicht für die Tiefen des Weltraums, sondern für die politische Arena in Washington. Den Raumflugzentren wurde allmählich mehr Verantwortung bei der Definition der zukünftigen Weltraumstrategie der NASA übertragen, so daß sich das Hauptquartier auf Verhandlungen mit dem Kongreß und dem Weißen Haus konzentrieren konnte. Die Übertragung von Macht an die Raumflugzentren ist wohl der größte einzelne Managementfehler der Weltraumbehörde gewesen, aus dem so viele ihrer bekannteren Mißgeschicke erwuchsen.

EINE FLIEGENDE BOMBE. Aufgetankt für den Start, trägt eine typische Raumfähre die Explosivkraft einer kleinen Atombombe mit sich. Die Startrampe befindet sich in einigen Kilometern Entfernung von jeglichen bewohnten Gebäuden. Die niedrigen Bauten in der Nähe der Rampe sind entweder unbemannte Maschinenräume oder verstärkte Betonbunker, die nur vor dem Start besetzt sind.

EIN MÖRDERISCHER KRIEG

Es reichte nicht, daß James Beggs 1984 einen politischen, wirtschaftlichen und internationalen Konsens für seine Raumstation finden mußte. Die NASA selbst enthielt jetzt einzelne Kundenkreise, die ebenfalls zu besänftigen waren – die Raumflugzentren verhielten sich wie rivalisierende Barone an einem fürstlichen Hof. Der Öffentlichkeit sind insbesondere drei von ihnen bekannt: das Kennedy Center in Florida, das für Starts zuständig ist, das Marshall Center in Alabama, das die Startraketen und andere große Konstruktionen entwickelt, sowie das Johnson Center in Texas, das die bemannten Missionen durchführt, die Astronauten trainiert und die Kapseln und Orbiter entwickelt. Beggs wollte die Unterstützung aller Zentren. Folglich vermied er es zu Anfang, das Raumstationsprogramm an einem bestimmten Zentrum zu konzentrieren.

Insbesondere mußte er sich über die seit langem bestehende Rivalität zwischen Marshall und Johnson Sorgen machen.
John Hodge, der von Washington aus eine Raumstations-»Kampftruppe« geführt hatte, hatte ein enges Team aus Vertretern aller Zentren zusammengezogen, gerade so wie zu Apollo-Zeiten. Ihre Konzepte hatten wesentlich dazu beigetragen, die Zustimmung des Präsidenten zu erlangen. Als es nun an der Zeit war, wirkliche Verträge über die Hardware zu vergeben und den Raumflugzentren reale, im Gegensatz zu den theoretischen, Verantwortungen zu übertragen, wollte Hodge unbedingt eine Art zentrale Kontrolle beibehalten. Aber sein Einfluß schwand, und die Direktoren der verschiedenen Zentren begannen, Teile des Raumstationsprojekts untereinander zu verteilen, über Hodges Kopf hinweg – und selbst, bis zu einem gewissen Grad, über den von Beggs. Die Zulieferfirmen standen ebenfalls in einem harten Konkurrenzkampf um potentielle Aufträge und gingen getrennte und manchmal auch kreuz und quer geknüpfte Allianzen mit rivalisierenden Zentren ein. Das führte zu einem Konzept, dem sogenannten »Arbeitspaket«, bei dem jedes der größeren Zentren die Entwicklung von Teilen der Station übertragen bekam. Die Zentren dirigierten ihre eigenen Zulieferteams. Doch die Festsetzung, welcher Teil zu welchem Zentrum gehörte, führte zu vielen Schwierigkeiten, da die Raumstation eine komplexe Ansammlung zusammengehörender Teile war. Die Erfahrung des Marshall Center bei der Entwicklung von Saturn V und Skylab unter Wernher von Braun ließ es die Verantwortung für Bauteile wie die unter Atmosphärendruck stehenden Wohn- und Labormodule der Station übernehmen. Als allgemeinen Programm-Managern wurde den Leuten des Johnson Center die Verantwortung für die Konstruktion der Station als Ganzes übertragen, einschließlich der gitterartigen Trägerelemente, die alles zusammenhalten. Da aber die Träger Bauteile waren, warum war dann Marshall nicht dafür zuständig?
Eine weitere Komplikation ergab sich aus den unterschiedlichen Philosophien an den Zentren. Marshall wollte einen stufenweisen Aufbau der Station, beginnend mit den Trägern, denen mit der Zeit Module und bewohnbare Einheiten hinzugefügt werden sollten. Dies war der sogenannte »Von-außen-nach-innen«-Ansatz. Johnson wollte das Gegenteil: Bewohnbarkeit so früh wie möglich, beginnend mit den Modulen, an die die Träger später angefügt werden. Entsprechend war dies der »Von-innen-nach-außen«-Aufbau.

AUFEINANDERPRALLENDE »KULTUREN«

Marshall und Johnson konnten sich noch nicht einmal einigen, wozu die Station dienen sollte. Johnson, mit seiner Erfahrung bei der Kontrolle von Mondflügen und Raumfähren-Missionen, wollte sie als Basis für eine fortgesetzte Erforschung des Weltraums nutzen – als klassischen »Umsteigebahnhof«, an dem zukünftige Mond- und interplanetarische Raumschiffe in der Umlaufbahn zusammengebaut werden konnten. Selbst als diese Vorstellung aufgrund der allgemeinen Haushaltsbeschränkungen der NASA unrealistisch wurde, wollte Johnson diese Möglichkeit zumindest als langfristige Option erhalten wissen. Marshall dagegen, mit Skylab und der Mitarbeit am Spacelab der ESA auf der Liste seiner Errungenschaften, favorisierte eine konservativere wissenschaftlich und experimentell orientierte Plattform.
Die Raumflugzentren wurden zunehmend unregierbar. Nachdem sie so viele Jahre ihren jeweiligen Staaten Arbeitsplätze und Verträge verschafft hatten, hatten sie sich eine starke Basis für Verhandlungen mit ihren lokalen Kongreßabgeordneten gesichert. Das wirkte zersetzend auf die NASA als Ganzes. Wenn zum Beispiel das Washingtoner

Hauptquartier Marshall anwies, eine Kürzung des Programms vorzunehmen, trat sofort eine Delegation Politiker aus Alabama auf den Plan und drohte, für Wirbel im Kongreß zugunsten des Marshall Centers zu sorgen; Johnson dagegen profitierte stets vom traditionell starken Einfluß texanischer Gesetzgeber im Kongreß. Diese Taktik der Raumflugzentren erschien vielen Außenstehenden, die noch immer dazu neigten, die NASA als die geschlossene Einheit der Apollo-Jahre anzusehen, unwürdig. So geriet das Weltraumprogramm insgesamt in den Ruf, zerstritten und schlecht verwaltet zu sein. Beggs war ein starker und fähiger Administrator, aber er war zu sehr auf Konsens aus. Was jetzt gebraucht wurde, war ein Gutteil grausame Rücksichtslosigkeit. Doch diese Probleme waren trivial verglichen mit dem, was noch kommen sollte.

DIE CHALLENGER-EXPLOSION

Im Winter 1985 befand sich die amerikanische Raumfahrtbehörde in einem traurigen Zustand. Hans Mark hatte die NASA verlassen, und James Beggs' neuer Stellvertreter war Bill Graham, ein politischer Beamter aus dem Weißen Haus, der von Reagans Chef-Wissenschaftsberater George Keyworth gefördert wurde. Ein rechtliches Problem, das auf Beggs' frühere Wirtschaftskarriere zurückging, zwang ihn, vom obersten Posten der NASA zurückzutreten. Graham wurde geschäftsführender Administrator, aber Beggs leitete weiterhin eine Dienststelle am Hauptquartier der Behörde. Eine Zeitlang herrschte eine scheußliche Situation, in der Beggs und Graham rivalisierende Lehnsgüter innerhalb der Korridore der NASA zu verwalten schienen. Beggs fühlte sich vom Weißen Haus betrogen und fragte sich, ob seine rechtlichen Probleme von politischen Intriganten künstlich hochgespielt worden waren, um ihn zugunsten Grahams aus der NASA hinauszuhebeln. (Am Ende wurden alle Anklagen gegen ihn fallengelassen.) Diese spezielle Fehde vermittelt ein Gefühl für die zahlreichen Spannungen, von denen die höheren NASA-Manager damals in Anspruch genommen waren.

Graham war kein Raketenexperte, aber er besaß durchaus gesunde Managementinstinkte. Gegen Ende November 1985 fielen ihm in Dokumenten, die die Zuverlässigkeit der Shuttle-Triebwerke untersuchten, einige merkwürdige technische Diskrepanzen auf. Echt beunruhigt, machte er eine Notiz und forderte bessere Daten an. Aber der Informationsfluß innerhalb der Behörde war auf allen Ebenen blockiert. Die Loyalität der mittleren Manager schwankte zwischen Graham und Beggs hin und her – ein Umstand, der gefährliche Verwirrungen schuf. Auf allen Ebenen herrschte eine niedergeschlagene Stimmung, nicht nur aufgrund der Führungskrise, sondern auch durch den wachsenden Druck der Shuttle-Zeitpläne.

Am 28. Januar um 11:38 Uhr Ortszeit hob die *Challenger* ab. Nach 73 Sekunden Flugzeit fiel sie in einem Schauer brennender Bruchstücke vom Himmel. Alle 7 Besatzungsmitglieder kamen ums Leben: Kommandant Dick Scobee und sein Kopilot Mike Smith, die Missionsspezialisten Judy Resnick, Ellison Onizuka, Ron McNair und Greg Jarvis, sowie Christa McAuliffe, eine High-School-Lehrerin, die im Rahmen eines Schulprogramms gestartet war. Entsetzt über die Tragödie, ordnete Präsident Reagan eine sofortige Überprüfung an. Die Rogers-Kommission sollte die Ursachen für den Verlust der *Challenger* untersuchen.

Wie sich herausstellte, waren technische Mängel nur die Symptome der Katastrophe, nicht die eigentliche Ursache. Die Rogers-Kommission untersuchte die belasteten Beziehungen zwischen den Raumflugzentren der NASA. Die Komplikationen betrafen nicht nur die Raumstation. Sie waren systemimmanent. Der Physiker Richard Feynman

DAS PROBLEM DER FESTSTOFFHILFSRAKETEN. Das linke Foto zeigt einen typischen Raumfährenstart, der vom Feuerstrahl der beiden Feststoff-Hilfsraketen dominiert wird. Die Segmentstruktur der Hilfsrakete ist deutlich erkennbar. Rechts: Eine Explosion zerstört am Morgen des 28. Januar 1986 die Raumfähre *Challenger.* Der Feuer- und Rauchball in der Mitte rührt vom explodierenden Tank des Flüssigtreibstoffs her. Die schmalere Rauchwolke, die der Haupttrümmerwolke vorauseilt (oben rechts), ist die Abgasspur einer Feststoffrakete, die sich vom Hauptkörper des Schiffs gelöst hat und noch immer feuert. Die technische Erklärung für die Explosion stellte sich als einfach heraus: Eine Gummidichtung zwischen zwei angrenzenden Segmenten einer der beiden Feststoffraketen saß nicht richtig, weil das Gummi durch das eiskalte Wetter steif und unnachgiebig geworden war. Durch eine kleine Lücke in der Dichtung strömte an der Seite der Rakete heißes Verbrennungsgas aus, das wie ein kleines unkontrolliertes Triebwerk wirkte und die Fähre leicht vom Kurs abbrachte. Zwischen den beiden Hilfsraketen befand sich am Bauch der Fähre ein riesiger Tank mit Flüssigtreibstoff für die 3 Triebwerke des Shuttles. Die entweichenden Flammen versengten die Seite dieses Tanks wie eine Schweißflamme, und das Fahrzeug explodierte.

war Mitglied der Kommission. Er stellte ganz richtig fest, daß die NASA nicht nur die Kontrolle über sich selbst, sondern auch über ihre Zulieferfirmen verloren hatte, die unzähligen privaten Unternehmen, die für hohe Summen an Regierungsgeldern all die Fährenbauteile und Hilfseinrichtungen herstellten. James Webbs Vermächtnis, die Nutzen, die während der Apollo-Ära aus dem Weltraum gezogen werden konnten, übers ganze Land zu verteilen, hatte ein Chaos verursacht. Feynman bemerkte: »Ein NASA Zentrum in Huntsville konstruiert die Triebwerke, die Firma Rocketdyne baut sie, die Firma Lockheed schreibt die Instruktionen, und das Kennedy-Startzentrum setzt sie dann um! Es mag ja ein geniales Organisationssystem sein, aber mir erscheint es als totaler Wirrwarr.«

Auch nach der *Challenger*-Katastrophe gingen die Konstruktionsarbeiten an der Raumstation weiter, aber viele Politiker im Kongreß waren jetzt überzeugt, daß die NASA nicht in der Lage sein würde, sie zu vollenden. Bis 1988 hatte der größte Fortschritt

darin bestanden, ihr einen Namen zu geben: »Freedom« (»Freiheit«). Die NASA ließ sich auf eine Reihe von Konstruktionsänderungen ein und schraubte ihre Zielvorstellungen weiter herab. Aber statt schlanker und billiger wurde Freedom einfach immer teurer. Bis 1992 drohten die voraussichtlichen Kosten auf 31 Milliarden Dollar anzusteigen. Keineswegs das geringste der Probleme bestand darin, die 8 Milliarden Dollar miteinzurechnen, die die NASA bereits bei dem Versuch ausgegeben hatte, die Station billiger zu machen. Bislang waren die Bemühungen, Freedom zu bauen, ein »totaler Wirrwarr« gewesen, wie Richard Feynman gesagt hätte.
Zu diesen Rückschlägen kam noch hinzu, daß das lang ersehnte Hubble-Weltraumteleskop, das am 24. April 1990 mit der Raumfähre *Discovery* gestartet worden war, unscharfe Bilder lieferte. Das 2 Milliarden Dollar teure Newtonsche Spiegelteleskop in der Umlaufbahn war ein Jahrzehnt in der Planung gewesen. Astronomen aus aller Welt hatten sich darauf gefreut, Instrumente draußen im Weltraum stationieren zu können, jenseits der störenden Erdatmosphäre. Durch einen dummen Fehler bei der Berechnung der Spiegeloptik während der Herstellung, der vermeidbar gewesen wäre, wurde mit einem Schlag das Leistungsvermögen des Teleskops erheblich vermindert. Die Explosion der *Challenger* 1986 war in der Presse noch als nationale Tragödie dargestellt worden. Hubble wurde als Farce geschildert. Reagans Nachfolger George Bush und sein Vizepräsident Dan Quayle betrachteten die NASA nun als ernstliche Belastung für ihr politisches Ansehen.

ABSTIMMUNG ÜBER »FREEDOM«

Das Weiße Haus beauftragte Norman Augustine mit einer unabhängigen Untersuchung der NASA-Angelegenheiten. Als oberster Geschäftsführer der Firma Martin Marietta wurde er weithin als fähiger und ehrlicher Mann in einer Industrie respektiert, die für ihre Verschwendungssucht und scharfe Praktiken bekannt war. Seine Rechtschaffenheit und sein Ruf machten ihn zu einem Mann, den man schwerlich ignorieren konnte. »Wenn man schlechte Nachrichten behutsam beigebracht haben möchte, dann ist Augustine der richtige Mann«, schrieb der Londoner *Economist* damals. Und er war behutsam, denn die Nachrichten waren schlecht. Der »Augustine-Report« vom Dezember 1990 stellte fest, daß die NASA vom Weg abgekommen war. Die Raumfähren und das Freedom-Projekt verschlangen Gelder, die für andere Aufgaben benötigt wurden: »Die Finanzierung wissenschaftlicher Weltraumprojekte sollte Vorrang haben vor Raumstationen, Raumflugzeugen, bemannten Missionen zu den Planeten und anderen größeren Vorhaben, die häufig stärkere Aufmerksamkeit erfahren.« Augustine erklärte auch, daß die Technologie der NASA völlig überholt sei. »Amerika hat in fast 2 Jahrzehnten keinen neuen Raketenantrieb – die Muskelkraft jedes Weltraumunternehmens – entwickelt.« Die Verwendung der Raumfähre als Allzwecktransporter geriet ebenfalls unter Beschuß: »Im Nachhinein war es unangemessen, im Falle der *Challenger* das Leben von 7 Astronauten und ein Viertel der Shuttle-Startkapazitäten der NASA aufs Spiel zu setzen, um einfach nur einen Kommunikationssatelliten in die Umlaufbahn zu bringen.«
Am niederschmetterndsten für die Befürworter der Raumstation war, daß Augustine diese für zu groß, zu kompliziert und zu teuer hielt. Er empfahl eine kleinere, billigere Neukonstruktion. Mit der richtigen Witterung für den politischen Wind ahnte der Kongreß schon einige Wochen vorher, wie Augustines Analyse ausfallen würde. Die Raumfahrtbehörde hatte im kommenden Jahr auf nahezu 2,5 Milliarden Dollar für ihre geplante Entwicklungsarbeit an der Station gehofft. Der Kongreß strich 500 Millionen

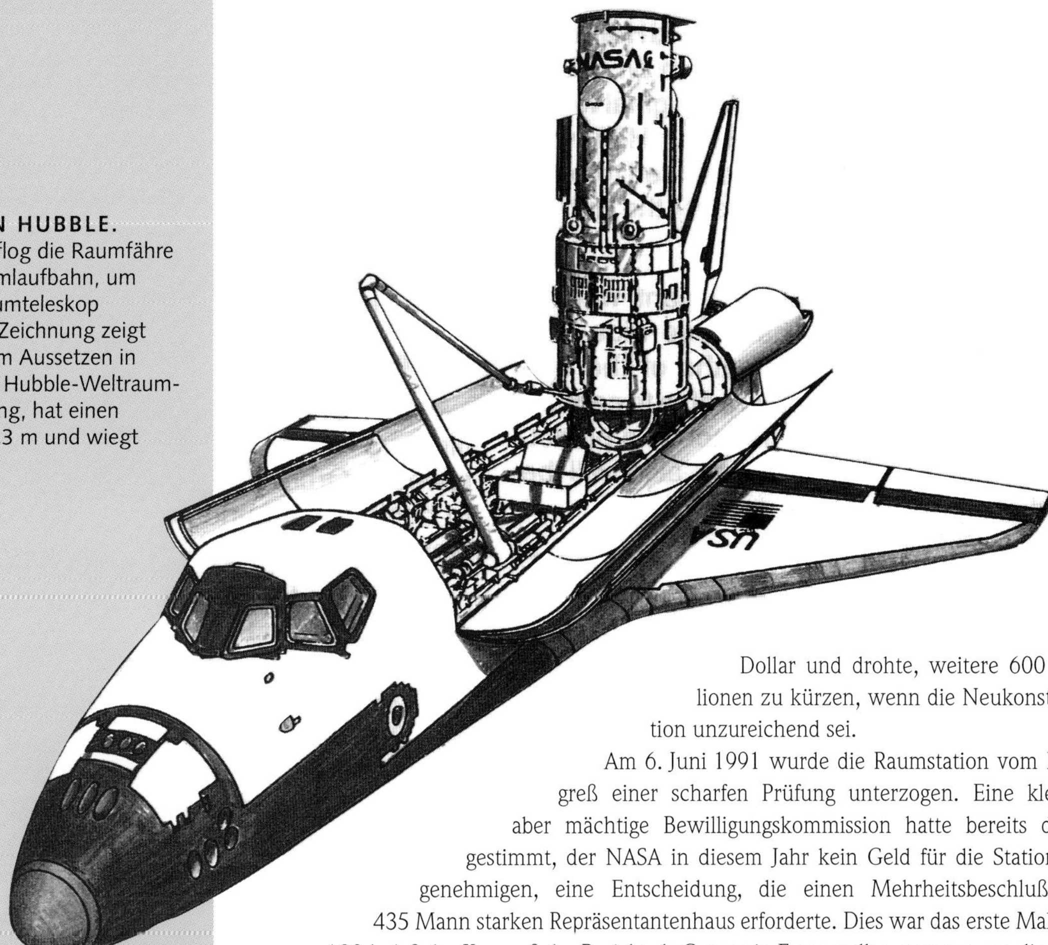

DER START VON HUBBLE. Am 24. April 1990 flog die Raumfähre *Endeavour* in die Umlaufbahn, um das Hubble-Weltraumteleskop auszusetzen. Diese Zeichnung zeigt Hubble kurz vor dem Aussetzen in der Ladebucht. Das Hubble-Weltraumteleskop ist 13 m lang, hat einen Durchmesser von 4,3 m und wiegt 11 000 kg.

Dollar und drohte, weitere 600 Millionen zu kürzen, wenn die Neukonstruktion unzureichend sei.

Am 6. Juni 1991 wurde die Raumstation vom Kongreß einer scharfen Prüfung unterzogen. Eine kleine, aber mächtige Bewilligungskommission hatte bereits dafür gestimmt, der NASA in diesem Jahr kein Geld für die Station zu genehmigen, eine Entscheidung, die einen Mehrheitsbeschluß im 435 Mann starken Repräsentantenhaus erforderte. Dies war das erste Mal seit 1984, daß der Kongreß das Projekt als Ganzes in Frage stellte, statt nur um die Gelder zu feilschen. Und es sollte nicht das letzte Mal sein. Viele Abgeordnete, Demokraten und Republikaner, waren gegen Freedom. Aber zu Hause in ihren Wahlkreisen hing der Lebensunterhalt von Tausenden von Wählern, die in der Luft- und Raumfahrtindustrie arbeiteten, von NASA-Verträgen ab. Die NASA und die Lobbyisten der Zulieferfirmen in Washington kämpften nach alter Sitte »mit harten Bandagen«, indem sie wunderschöne bunte Bilder und Grafiken mit sich herumtrugen, die die Verteilung der an die Raumstation gebundenen Arbeitsplätze auf die jeweiligen Staaten zeigten. James Beggs' »internationales« Glücksspiel begann schließlich ebenfalls Früchte zu tragen. Einige Schlüsselfiguren im Kongreß sagten jetzt genau das, was er sich stets erhofft hatte: Wenn wir das Projekt streichen, werden uns unsere Verbündeten nie wieder trauen. Europa, Kanada und Japan hatten bereits zusammen 1,6 Milliarden Dollar für Freedom ausgegeben. Und sie brachten in der Tat offiziell ihre Verärgerung zum Ausdruck, als sie erfuhren, daß der Kongreß die Zukunft des Projekts in Frage stellte. Hinter der Bühne wurde Freedom von George Bush und Vizepräsident Dan Quayle unterstützt, die beide die Demütigung einer Streichung vermeiden wollten. Freedom überlebte mit 240 zu 173 Stimmen. Die NASA bekam die 2 Milliarden Dollar, die sie benötigte, um wieder ein Jahr weiterzumachen. Aber diese Mittel beruhten teilweise auf der Zusage, Gelder von unbemannten Weltraumunternehmungen abzuziehen. Trotz Augustines Urteil, daß wissenschaftliche Projekte gegen die glamourösen, aber teuren bemannten Systeme in Schutz genommen werden sollten, wurde Freedom ein Parasit.

SCHNELLER, BESSER, BILLIGER?

Anfang der neunziger Jahre wurde der Konstruktionsentwurf der Raumstation gründlich revidiert, mit dem Ziel, ihre Kosten zu senken. Der neue NASA-Chef Daniel Goldin veranlaßte auch weitreichende Veränderungen innerhalb der Behörde, indem er die Managementebenen rationalisierte und Arbeitsplätze kürzte. Inzwischen, nach dem Zusammenbruch der Sowjetunion, ermutigte die amerikanische Regierung die NASA, ihre Raumstationspläne mit dem russischen Weltraumprogramm abzustimmen. Die Gründe hierfür waren vielfältig und komplex.

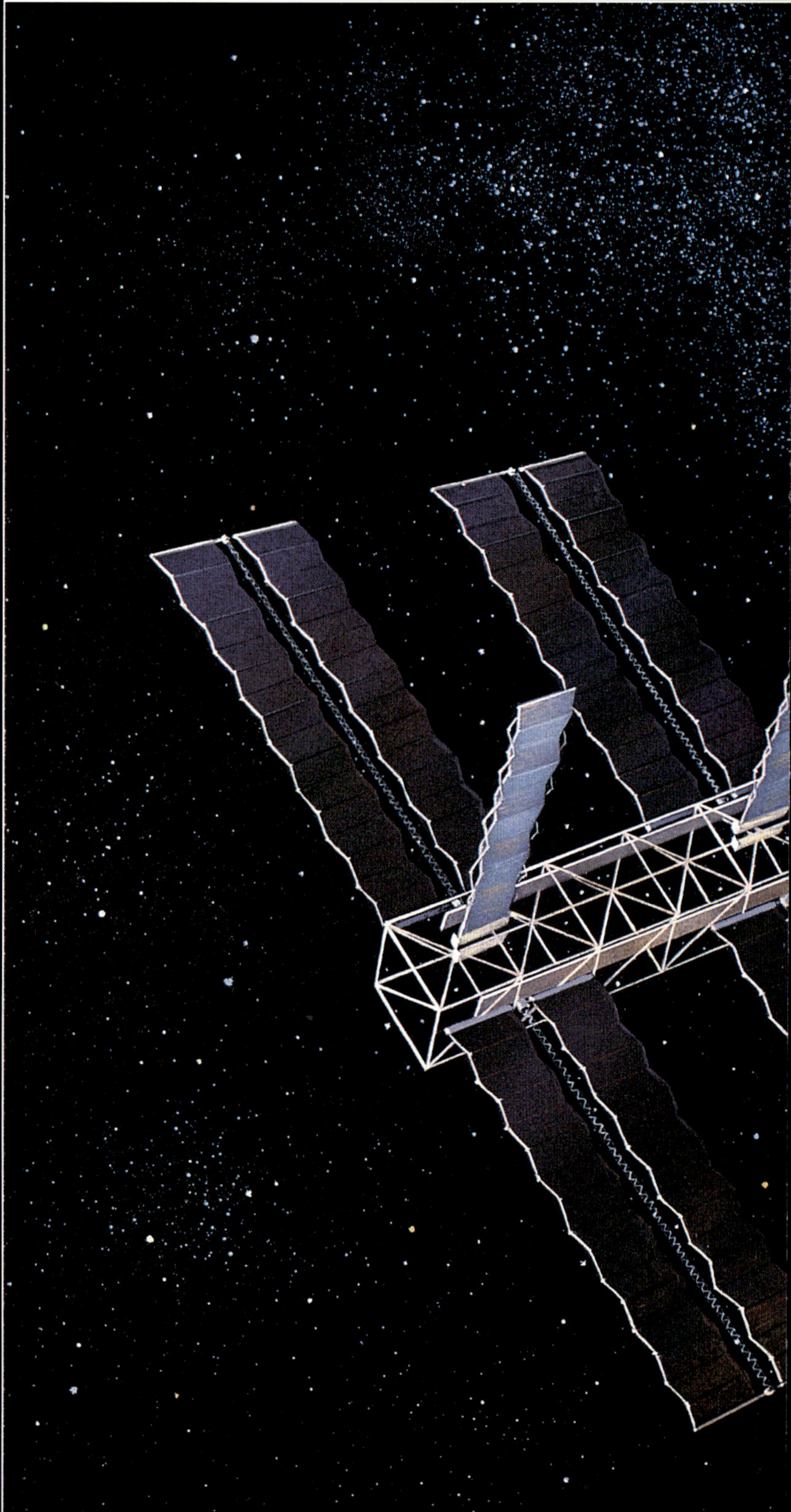

EINGESCHRÄNKTE »FREIHEIT«. Auf diesem von David Hardy 1992 gemalten Bild ist die Raumstation »Freedom« geschrumpft und hat die 1987 vorgeschlagenen Doppelkiel-Gitterbalken verloren.

HARDY

esa
NASA
NASA

SCHNELLER, BESSER, BILLIGER?

DIE ENDGÜLTIGE FREEDOM. Dieses 1991 von der Firma Rockwell präsentierte Gemälde zeigt eine der letzten Entwurfabänderungen für die Raumstation Freedom, bevor eine umfassende Änderung 1993 zur jetzigen (und endgültigen) Konfiguration der Station führte. Die 1987 vorgeschlagene, große rechteckige Anordnung von Gitterbalken wurde gestrichen, und der bleibende zentrale Kiel wurde von 150 m Länge auf 108 m verkürzt. Bestimmte Schlüsselbauteile der Freedom befanden sich 1993 bereits in der anfänglichen Konstruktionsphase. Die NASA behauptet, daß 75 Prozent dieser Komponenten erfolgreich in die endgültigen Pläne integriert werden konnten und somit nicht vergeudet waren.

Dan Goldin wuchs in Brooklyn, New York, in einer jüdischen Arbeiterfamilie auf. Im Mai 1961 stand er gerade kurz vor seinem Ingenieursabschluß, als er hörte, wie Präsident John F. Kennedy Amerika zu einer Landung auf dem Mond verpflichtete. Sobald Goldin seinen Abschluß in der Tasche hatte, ging er zur NASA und verbrachte 5 Jahre an ihrem Lewis Research Center in Cleveland in Ohio. 1967 wechselte er zur Firma TRW in Kalifornien und arbeitete dort 25 Jahre lang an höchst geheimen Verteidigungs- und Satellitensystemen. Er hatte dort zwar einen ranghohen Posten inne, aber als George Bush ihn 1992 bat, die Leitung der NASA zu übernehmen, war er doch froh über die Möglichkeit, rein zivile Weltraumprojekte durchführen zu können.

Das erste, was an seinem Verwaltungsstil deutlich wurde, war seine Kampfeslust. Es machte ihm nichts aus, Leute zu kränken. Jim Webb, Tom Paine, James Fletcher – all die vorherigen NASA-Chefs hatten im alten Washingtoner Stil gearbeitet: nur subtile Politik und beim Lunch im Klub die richtigen Verbindungen knüpfen. Goldin ging völlig anders vor. Er erwies sich als Straßenkämpfer, dessen Instinkte aus seiner Brooklyner Kindheit noch sehr gut intakt waren. Er bevorzugte den offenen Kampf.

Seine ersten Gegner waren die Zulieferfirmen. »Die Unternehmen haben es sich auf unsere Kosten jahrelang gutgehen lassen; jetzt ist die Party zu Ende«, sagte er einmal und betonte, daß die Zulieferer private Kunden niemals so behandeln würden, wie sie die NASA behandelt hatten. »Was sie mit uns machen, ist unmoralisch!« Ein Journalist der Zeitschrift *Air & Space* wurde 1993 bei einem Mittagessen Zeuge, wie Goldin mit einem leitenden Angestellten der mächtigen Firma Hughes Satellite in Streit geriet. Während die Gäste im ganzen Raum schockiert zuhörten, tobte Goldin mit erhobener Stimme: »Ihre Abwicklung von NASA-Aufträgen ist furchtbar. Sie haben fast jeden Vertrag mit uns überzogen. Das ist unannehmbar!«

Goldin war der unverblümteste NASA-Chef seit rund drei Jahrzehnten. Er kämpfte wie ein Löwe für die Behörde. Das Problematische dabei war, daß er seine eigenen Leute genauso brutal behandelte wie die Zulieferfirmen. »Diese Behörde existiert nicht zum Wohle ihrer Angestellten. Sie existiert, um eine Aufgabe für die Nation zu erfüllen.« Bald nach seiner Ankunft bei der NASA 1992 bekräftigte er diese Philosophie mit der Streichung von Arbeitsplätzen, wobei er die Hälfte der Direktoren der Raumflugzentren hinausschmiß oder ersetzte und so seine eigenen Autorität im Washingtoner Hauptquartier stärkte. Dann entließ er 5000 Mitarbeiter der einst 25 000 Mann starken Belegschaft. Tausende Arbeitsplätze bei den Zulieferfirmen kamen ebenfalls unter Beschuß. Und dieses ungestüme Vorgehen ist noch nicht beendet. Zu Goldins derzeitigen Plänen gehört auch die Kürzung weiterer 5000 NASA-Stellen innerhalb der nächsten 4 Jahre, wobei auch bei den Zulieferern viele weitere Jobs verlorengehen werden, zusätzlich zu den Tausenden, die bereits verloren sind.

Nachdem er der NASA und ihren Zulieferfirmen eine so harte Lektion in Sachen Kosteneffizienz erteilt hatte, bot Goldin jedoch der Privatindustrie einen großen Siegespreis an: den Gesamtvertrag über die Raumfähre. Um 500 Millionen Dollar beim Raumfährenbetrieb einzusparen, kanzelte er zunächst Startingenieure, Wartungsmannschaften und Manager der NASA ab. Dann bat er konkurrierende Luft- und Raumfahrtunternehmen, ein billigeres Paket für den Betrieb der Raumfähren vorzulegen. Schließlich bot Goldin den Vertrag den Firmen an, die mit dem Gerät bereits am vertrautesten waren: Rockwell, dem Hersteller der geflügelten Raumtransporter, und Lockheed, die das Startpersonal stellten. Diese beiden Zulieferfirmen haben jüngst eine gemeinsame neue Firma gegründet, die United Space Alliance. Bis 1998 werden die Wartung der Raumfähren, alle Startvorbereitungen und der Großteil der damit zusammenhängenden Tätigkeiten im Bodenkontrollzentrum fast vollständig in ihren Händen liegen. »Ich nehme an, wenn wir sie nett bitten, werden sie unsere Astronauten auch gelegentlich fliegen lassen«, witzelte ein Insider der Behörde. Im Februar 1996 trat der für Raumfährenunternehmungen zuständige NASA-Chef Bryan O'Connor zurück. Er war beunruhigt über die Sicherheitsvorkehrungen.

Jose Garcia, ein seit 30 Jahren am Kennedy-Startzentrum in Florida tätiger Veteran, schrieb im August 1995 an Präsident Clinton und drückte seine Bedenken über die Umwälzungen innerhalb der NASA seit der Ankunft Goldins aus. Er veröffentlichte seinen Brief im Internet und forderte auch andere skeptische Mitarbeiter auf, an die Öffentlichkeit zu treten: »Besorgte Manager verlassen das Programm ... Schade, daß einige von ihnen nicht den Mut haben, ihre Meinung offen zu äußern.«

Ein enger Kollege Goldins sagte: »Dan ist ein wirklich hervorragender Manager in technologischen Fragen, aber er berücksichtigt nicht die menschlichen Aspekte. Wenn in einer großen Organisation wie der unsrigen viele Menschen unglücklich sind, dann ist das kein gutes Zeichen.«

Dies sind harte Zeiten, in der die Raumfahrtbehörde sich abmüht, eine neue Identität zu finden. »Ich weiß, es ist schwer«, erklärte Goldin jüngst, »aber sagen Sie mir, wie man die Zuversicht unter seinen Leuten aufrechterhalten soll, wenn man Etatkürzungen auffangen muß. Wir sollten eine Behörde mit einem 22-Milliarden-Dollar-Haushalt sein, und wir werden mit 10 Milliarden auskommen müssen. Es ist nicht einfach.«

Und das stimmt. Nicht Goldin, sondern einzig Präsident Clinton und die Regierung haben auf einer schlankeren, billigeren NASA bestanden. Zur Zeit gibt die Behörde insgesamt 14 Milliarden Dollar pro Jahr aus. Clinton möchte diesen Betrag bis zum Jahr 2000 um 30 Prozent reduzieren, Raumstation, Raumfähre und alles andere inbegriffen. Nur unter dieser Voraussetzung ist er bereit, die NASA zu unterstützen.

EIN GERADLINIGER MANN. Daniel S. Goldin hat einen völlig anderen Managementstil bei der NASA eingeführt. Dieses Foto zeigt ihn während der Anhörung bei seinem Bestätigungsverfahren vor dem Senatsausschuß für Handel, Wissenschaft und Verkehr (am 27. März 1992), in deren Verlauf er formell mit der Leitung des amerikanischen Engagements im Weltraum betraut wurde.

FREIE WIRTSCHAFT. Die amerikanische Regierung ist darauf bedacht, daß sich die Privatindustrie stärker an den Kosten für Weltraumunternehmungen beteiligt. 1983 wurde die Firma Spacehab gegründet, um ein kommerzielles Modul für die Raumfähre zu schaffen. Die Vorstellung war die, daß andere private Käufer Flüge an Bord des Moduls mieten sollten, um Untersuchungen auf dem Gebiet der Mikrogravitation durchzuführen. Spacehab brachte 100 Millionen Dollar auf, die größte private Summe, die je außerhalb der Satellitenindustrie im Weltraum investiert wurde. Den Kunden wird Platz für Experimente in kompakten Kästen angeboten, wie auf dieser Illustration zu sehen ist. Das erste Spacehab flog im Juni 1993, aber andere Firmen waren vorsichtiger, als die Spacehab-Teilhaber gehofft hatten. Größter Kunde wurde die NASA. Das Grundproblem ist schwer zu lösen: Wo liegt der Profit für private Firmen im Weltraum, wenn sie keine Aufträge von Regierungsbehörden bekommen?

DER NEUENTWURF EINES NEUENTWURFS

William »Bill« Clinton kam 1993 ins Weiße Haus, als erster demokratischer Präsident seit 12 Jahren. Der Kongreß wurde jedoch weiterhin von den Republikanern beherrscht. Insbesondere »Newt« Gingrich, Sprecher des Hauses, erwies sich als mächtige Figur. Während seiner gesamten ersten Amtszeit war Clinton in einem heiklen Balanceakt begriffen, indem er versuchte, einerseits seinen demokratischen Idealen gerecht zu werden und andererseits die republikanische ausgabenfeindliche Lobby im Kongreß zu besänftigen. Im Januar 1996 mußte die Regierung sogar 2 Wochen lang schließen, weil der Kongreß sich weigerte, Gelder für die Gehälter von Bundesangestellten freizugeben, wenn Clinton nicht Kürzungen zur Minderung des enormen nationalen Haushaltsdefizits zustimmte. Clinton setzte sich durch, Gingrich verlor etwas an Boden, aber die Auseinandersetzungen gingen weiter. Und mittendrin fuhr die NASA fort, die Multi-Milliarden-Dollar-Raumstation zu planen. Da bereits soziale und medizinische staatliche Programme unter großem Druck standen, war die NASA ein leichtes Angriffsziel in den Haushaltsschlachten.

Als er neu ins Weiße Haus einzog, betrachtete Clinton den Weltraum nicht als etwas Vordringliches. Man hatte nicht erwartet, daß er Dan Goldin behalten würde, ein »Überbleibsel« aus der Verwaltung des vorherigen Präsidenten George Bush. Aber Goldin war noch nicht einmal ein Jahr im Amt, und niemand konnte seine Absetzung rechtfertigen, bevor er nicht die Chance hatte, sich einen Namen zu machen – im guten oder im schlechten. Wie auch immer, er war dabei, seine neue Botschaft über den Weltraum zu propagieren: »Schneller, besser, billiger«. Dieses Credo war sein Markenzeichen, und seine Anstrengungen zur Reorganisation fanden Anklang bei Clinton, der ihn bat, weiterhin Chef der NASA zu bleiben. Goldins Talent als Weltraum-»Verkäufer« half ihm auch, selbst seine schärfsten Kritiker im Kongreß zu überzeugen, der Raumfahrtbehörde noch einmal eine Chance zu geben.

Doch das große, fette Raumstationsprojekt der NASA hatte bei den Politikern keinen so guten Stand. Am 9. März 1993, kurz nach seinem Amtsantritt, sprach Clinton ein Ultimatum aus. Die Station mußte innerhalb von 90 Tagen völlig umkonstruiert werden, um ihre Kosten zu senken. Der Kongreß hatte bereits im Oktober 1990 eine ähnliche 90-Tage-Forderung gestellt, aber Clinton und seine Berater waren diesmal konkreter. Sie wollten drei Optionen sehen, die 5 beziehungsweise 7 und 9 Milliarden Dollar kosteten. Selbst der höchste angebotene Betrag belief sich auf weniger als die Hälfte der Kosten des existierenden NASA-Vorschlags.

Vierzehn Tage später wurde ein beratender Ausschuß, die »Vest-Kommission« (benannt nach ihrem Vorsitzenden Dr. Charles Vest), gebildet, um die Vorschläge der NASA zu bewerten. Inzwischen hatte Goldin 45 seiner besten Konstrukteure an die Arbeit geschickt, gemeinsam mit Vertretern der internationalen Partner – ein kluger Zug, der aber nicht ausreichte, um deren Sorgen über die möglichen Auswirkungen der Vest-Kommission auf ihre eigenen Pläne zu beruhigen.

Am 10. Juni informierte die Vest-Kommission Präsident Clinton über ihre Ergebnisse. Die NASA hatte tatsächlich wie verlangt drei neue Optionen vorgelegt. Zwei davon, Option »A« und Option »B«, bestanden aus zusammengestrichenen Varianten des bestehenden Freedom-Entwurfs.

Eine dritte, Option »C«, war kompakt, relativ billig und sehr viel einfacher. Sie drohte, Freedom größtenteils zugunsten von etwas völlig anderem wegzuwischen. Dies wäre ein enormer Schock für all die Management-, Wirtschafts- und diplomatischen Interessen gewesen, die rings um das Projekt erwachsen waren.

OPTION »C«

Option »C« bestand aus einem großen Modul, gelagert in einem Kanister, der etwas mehr Volumen und einen runderen Querschnitt hatte als eine Raumfähre und mit den Hecktriebwerken und Feststoffraketen der Raumfähre sowie einem Standardwegwerftank ausgerüstet war. Aber diese »Shuttle-C«-Variante würde keine Flügel, keine Landeausrüstung und keine Mannschaftskabine haben. Statt einfach Raumstationsbauelemente in die 4,6 Meter große Ladebucht einer bereits existierenden Fähre zu packen, würde jedes Restchen verfügbaren Gewichtes und Innenraumes für die Nutzlast verwendet werden. Es würde den Bau einer neuen Trägerrakete aus Raumfährenelementen bedeuten, wobei aber die Triebwerke, Treibstofftanks und so weiter bereits zur Verfügung standen. Die Kosten dieser Umwandlung konnten dadurch wieder wettgemacht werden, daß der Großteil der Raumstation mit einem einzigen Flug gestartet werden sollte.

Die für die Raumfähre zuständigen NASA-Manager waren beunruhigt über die daraus resultierenden Folgen für ihre Flotte von 4 geflügelten Raumfähren. Die Hecktriebwerke und das Heck der Fähre *Columbia* müßten für den Einbau in die neue unbemannte Rakete geopfert werden, während die Flügel und die Mannschaftskabine in einem Lagerraum dahinsiechten. Die bemannte Flotte würde auf 3 Schiffe reduziert; aber verglichen mit den Raumstationsentwürfen, die auf dem Freedom-Konzept basierten, wären für Option »C« insgesamt weniger Fährenflüge nötig, so daß sich die Opferung der *Columbia* dennoch lohnen könnte. In vielerlei Hinsicht war »C« der bestmögliche Entwurf, kosteneffektiv, relativ risikoarm, erweiterbar in der Zukunft, und er erforderte nur ganz wenige gefährliche Ausstiegsmanöver, um die Station in Betrieb zu nehmen. Letzteres war ein Sicherheitsrisiko, das bei allen bisherigen Entwürfen negativ in Erscheinung getreten war. »C« hatte den zusätzlichen Vorteil, den Anstoß für die Entwicklung einer neuen unbemannten Trägerrakete mit höherer Schubkraft aus bestehenden Bauelementen zu geben.

Die meisten Zulieferfirmen waren gegen Option »C«. Die für Freedom geplanten bewohnbaren Labormodule und Abteile würden auf einen »großen Kanister« und ein paar Zusätze reduziert werden. Die ausladenden Gerüstträgerelemente des derzeitigen Entwurfs würden wegfallen. Auch die ausländischen Partner der NASA waren alarmiert. Bei Option »C« müßten alle Arbeiten, die sie bislang bereits durchgeführt hatten, vollkommen neu überdacht werden. Die Vest-Kommission stellte fest, daß das 28 Meter lange Kernmodul der Option »C« »mehr Raum bietet als der derzeitige Freedom-Entwurf, so daß der tatsächliche Bedarf an zusätzlichem Volumen, das von den internationalen Partnern geliefert werden soll, in Frage steht.«

»C« WIRD ABGELEHNT

Die endgültige Entscheidung, Option »C« nicht anzunehmen, zeigt sehr deutlich, daß der eigentliche Zweck der Raumstation nur teilweise von Interesse war – wie immer dieser auch aussah. Nach all dieser Zeit war ihr Verwendungszweck noch immer nicht richtig definiert worden. Die Konstruktion der Hardware wurde größtenteils durch die Bedürfnisse der Zulieferfirmen und Raumfahrtbehörden bestimmt und kaum durch wohlbegründete Erfordernisse der Mission. Aber »C« war mit seinen 15 Milliarden Dollar der einzige Entwurf, der auch nur annähernd den Kostenzielen des Weißen Hauses entsprach. Die Kommission warnte Clinton: »Die Kosten können nur minimiert werden, wenn [Ihre Regierung] sich eindeutig zu einer stabilen Finanzierung verpflichtet ... Keine der drei Optionen kann [Ihren] Kostenzielen entsprechen und gleichzeitig die gewünschten Meilensteine erreichen ... [Ihr Vorschlag zur] Finanzierung berücksichtigt nicht die inneren Personalprofile, die mit derartigen Programmen verknüpft sind.«

Einem Präsidenten mitzuteilen, seine Kostenempfehlungen seinen zumindest teilweise »falsch«, war eine ziemlich kühne Aussage, aber die Vest-Kommission hätte versagt, wenn sie vorgegeben hätte, eine Raumstation könne für 9 Milliarden Dollar oder weniger gebaut werden. Ihre Mindestzahlen lagen zwischen 15 Milliarden Dollar für

DIE ANTWORT?
Im Juni 1992 kamen Amerika und Rußland überein, daß irgendwann 1995 eine Raumfähre die Raumstation Mir besuchen solle. Ein Jahr später schlug die Vest-Kommission vor, dieses vorläufige Abkommen erheblich zu erweitern und Rußland in das neue Raumstationsprogramm miteinzubeziehen. Diese Werbeillustration für Spacehab aus dem Jahr 1994 zeigt eines ihrer Module, das bei einem Raumfähren/Mir-Kopplungsmanöver verwendet wird (und damit der Firma willkommene Arbeit verschafft). Links unten befindet sich eine Sojus.

Option »C« und 19 Milliarden für eine überarbeitete Version der Freedom. Genauso wie Weinberger 1971 Nixon erklärt hatte, daß die NASA nicht einfach ignoriert werden könne, so forderte jetzt die Vest-Kommission Clinton höflich auf, sich zu entscheiden. Wolle er oder wolle er nicht, daß Amerika irgendeine Art Raumstation baut? Wenn ja, dann würde er einem realistischen Finanzierungspaket zustimmen müssen.

Zwei Wochen nach dem Vest-Bericht beschloß das Weiße Haus, für eine Mischung aus Option »A« und Option »B« zu stimmen, im wesentlichen eine abermals abgeänderte Version der Freedom. Präsident Clinton forderte den Kongreß auf, den kommenden Haushaltsforderungen der NASA zuzustimmen. Die Lobbyisten waren ungemein aktiv. Und das war nötig. Am 23. Juni wurde die Finanzierung der Raumstation für 1994 mit 216 zu 215 Stimmen genehmigt. Eine einzige Stimme rettete das Programm vor dem

Tod. Nach der Abstimmung erschien Dan Goldin auf der Treppe zum Kapitol und sprach zu den wartenden Reportern. Sein Lächeln schien ziemlich angestrengt. »Ein Sieg ist ein Sieg«, sagte er.

Anschließend gaben der republikanische Abgeordnete Dick Zimmer und der Demokrat Tim Roemer ihre Darstellung der Ereignisse. Sie waren die ausdauerndsten Gegner der Station. Roemer meinte: »Wir werden sie zur Strecke bringen. Wenn nicht in diesem Jahr, dann im nächsten. Aber letztendlich wird sie fallen.«

Nur einen Tag zuvor war ein konkurrierendes Technologieprojekt, der »Superconducting Supercollider« (ein Teilchenbeschleuniger) in Dallas, Texas, vom Kongreß mit einer großen Mehrheit von 130 Stimmen gestrichen worden. Der Supercollider hatte wesentliche neue Erkenntnisse in der Teilchenphysik liefern sollen. Die Gemeinschaft der Naturwissenschaftler war entsetzt, daß ihre »reine« Forschung gegen ein Weltraumprojekt mit weit weniger erkennbarem wissenschaftlichem Wert verloren hatte. Aber die Mathematik des Kongresses beruhte auf anderen Kriterien als den Vorzügen subatomarer Entdeckungen. Die Raumstation der NASA hatte seit 1984 bereits 11 Milliarden Dollar verschlungen, neben den 3 Milliarden der ausländischen Partner. Für den Supercollider dagegen waren nur 1,7 Milliarden Dollar ausgegeben worden, ohne ausländische Beteiligung. Der Kongreß wollte nicht der Verschwendung von Geldern, die die NASA bereits ausgegeben hatte, bezichtigt werden. Vielleicht hätten die Wissenschaftler in Dallas vor der Abstimmung über den Supercollider mehr Geld verschleudern sollen.

ALTE FEINDE, NEUE FREUNDE?

Die Raumstation hatte also überlebt, aber noch tiefer zu fallen, konnte sie sich nicht leisten. Die Vest-Kommission empfahl, einen neuen Partner miteinzubeziehen. »Alle drei hier vorgelegten Optionen sind von der Raumfähre abhängig. Dies ist vom Risiko her gesehen nicht wünschenswert; es sollte eine alternative Einwegträgerrakete verwendet werden, wie zum Beispiel die russische Proton ... Alle Optionen enthalten die unabdingbare Forderung nach einem »Rettungsboot« ... Die russische Sojus kann leicht angekoppelt werden ... Die Kommission ist überzeugt, daß Rußland über wichtige Fähigkeiten verfügt, die von Vorteil sein könnten ...«

Hier kam ein weiterer Schock, den die ESA, Japan und Kanada verkraften mußten. Wer genau würde von der Teilnahme Rußlands profitieren? Würde Rußlands Einbeziehung zu einer weiteren Abänderung der Pläne führen? Würde seine kränkliche Wirtschaft das ganze Projekt gefährden? Dan Goldin war offensichtlich nicht dieser Meinung.

Am 6. Juni 1992 trafen sich Dan Goldin und sein russischer Gegenspieler Juri Koptew zum ersten Mal in Goldins Washingtoner Appartement. Ihr Treffen war nicht direkt geheim, aber es wurde auch nicht in der Presse darüber berichtet. Eine solche Vorsicht war verständlich. In diesem frühen Stadium wußte keiner der beiden Männer, was er in dem anderen vorfinden würde. Trotz nationaler, historischer und sprachlicher Schranken erkannten Koptew und Goldin aber sehr schnell, wie ähnlich ihre Probleme waren. Sie waren beide ehemalige Kalte Krieger, die an die Erforschung des Weltraums zu friedlichen Zwecken glaubten. Sie waren beide von ihren politischen Herren eines Großteils ihrer Macht beraubt und zu schmerzlichen Ausgabenkürzungen gezwungen worden. Dr. John Logsdon, ein weltraumpolitischer Berater in Washington, beschrieb dieses Treffen, »als ob eine ›Administratoren-Liebe‹ zwischen den beiden entbrannt sei. Der eine war beinah das Spiegelbild des anderen.«

GOLDINS RUSSISCHER ZWILLING. Juri Koptew, Generaldirektor der russischen Weltraumbehörde.

DER BÄR MIT DEM GEBROCHENEN RÜCKGRAT

Das Treffen zwischen Goldin und Koptew fand nicht ganz ohne vorherige diplomatische Kontakte statt. Seit dem Zusammenbruch der alten Sowjetunion hatten russische und amerikanische Präsidenten auf ihren regelmäßigen Gipfeltreffen stets auch gemeinsame Weltraumunternehmungen diskutiert. Vor seiner Rede zur Lage der Nation 1984 hatte sich Ronald Reagan privat an die Russen gewandt und sie zu einer Rettungsübung zwischen einer Raumfähre und Saljut 7 eingeladen, die in jenem Jahr noch immer in der Umlaufbahn war. Reagans Angebot enthielt aber bei weitem keine Einladung, an der neuen Raumstation selbst mitzuarbeiten, und da die Russen damals nicht glaubten, daß ihre Saljut-Mannschaften jemals eine Rettung durch die NASA nötig haben würden, reagierten sie recht kühl auf das Angebot.

Doch bis Juni 1992 hatte sich die Situation erheblich verändert. Nun war das postsowjetische Rußland voll und ganz davon in Anspruch genommen, gerettet zu werden, nicht so sehr durch diplomatische Ankopplungsmanöver als durch Dollars. Nur wenige Tage nach Goldins und Koptews privatem Treffen im Watergate-Hotel einigten sich die Präsidenten George Bush und Boris Jelzin, Pläne für den Besuch einer amerikanischen Raumfähre bei der russischen Raumstation Mir zu entwickeln und auch russische Kosmonauten an Bord eines Space Shuttles mitfliegen zu lassen. Dies war ein echter diplomatischer Fortschritt, der die ersten Hoffnungen auf gemeinsame Raumflüge seit der Apollo-Sojus-Ankopplung vor 17 Jahren aufkommen ließ.

Als die Sowjetunion noch existierte, fielen die meisten Weltraumunternehmungen unter die Zuständigkeit des sogenannten »Ministeriums für Allgemeinen Maschinenbau«. Es gab keine Unabhängigkeit im Stile der NASA, und die Vorstellung einer »zivilen« Behörde stand nicht zur Diskussion. Auf seinem Höhepunkt waren 600 000 Menschen im sowjetischen Weltraumprogramm beschäftigt, viele davon in Uniform. Die bemannten Sojus-Raumschiffe, die Saljut-Raumstationen und die jetzige Mir-Raumstation hatten zu einer nahezu ununterbrochenen Präsenz im Weltraum beigetragen. Bis 1991 hatten sowjetische Kosmonauten gemeinsam 23 Jahre Gesamtflugzeit angesammelt, während ihre amerikanischen Konkurrenten nur auf 8 Jahre kamen. Trotz wachsender wirtschaftlicher Probleme fand im Mittel alle 5 Tage ein sowjetischer Start statt, die unbemannten Sonden und Satelliten, Progress-Fähren und so weiter mit eingerechnet.

Der Verfall setzte sehr rasch ein. Im Mai 1991 war die Raumstation Mir 5 Jahre lang in Betrieb und begann langsam aus dem Leim zu gehen. Flugingenieur Sergeij Krikalew wurde für einen sechsmonatigen Einsatz hinaufgeschickt. Er führte eine Reihe Ausstiegsmanöver durch und arbeitete eine lange Liste von Reparaturen ab. Als der Oktober herannahte, freute sich Krikalew auf das Ankoppeln einer weiteren Sojus, die einen Ingenieur zur Ablösung bringen sollte, so daß er zu seiner Frau und seinem kleinen

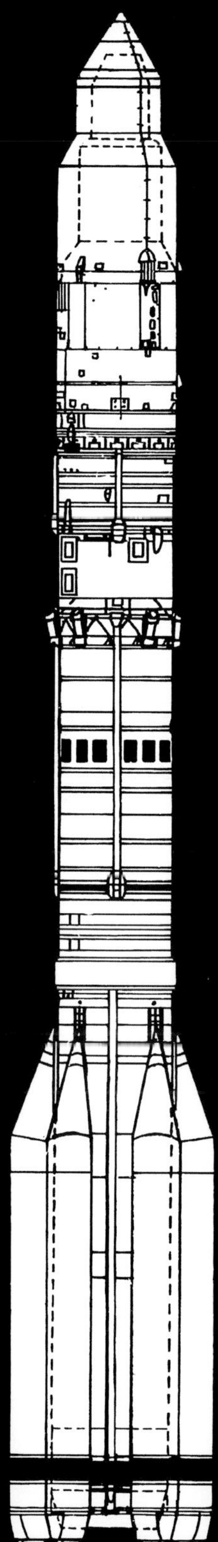

BAIKONURS TRÄGERRAKETEN.

Links sieht man die 50 m hohe Sojus-SL-4-Rakete, die aus 2 zentralen Stufen und 4 daran befestigten Flüssigtreibstoff-Hilfsraketen besteht. Die Sojus-Kapsel befindet sich in der obersten Schutzhülle, auf der ein Rettungstriebwerk sitzt. Die SL-4 flog 1963 zum ersten Mal, und sie ist weiterhin das Hauptstartfahrzeug für alle russischen Kosmonauten. Das rechte Bild zeigt die unbemannte Schwerlastträgerrakete Proton SL-13, ein 55 m hohes Fahrzeug, das Saljut- und Mir-Bauteile in die Umlaufbahn transportierte und jetzt als leistungsstarke kommerzielle Startrakete für Satelliten dient. In der Nutzlasthülle erkennt man die Umrisse eines Mir-Kernmoduls. Die Proton besitzt 6 Feststoff-Hilfsraketen.

Töchterchen heimkehren konnte. Doch einige der Botschaften der Bodenkontrolle beunruhigten Krikalew. Taktvoll erklärten sie ihm, daß für November der Besuch eines besonderen Gastastronauten in der Mir geplant und nicht genug Geld für diesen Flug vorhanden sei. Deshalb würden sie mit dem Oktober-Ablöseflug den Gast hinaufbringen und nicht wie versprochen den entsprechend ausgebildeten Ingenieur. Krikalew wurde aufgefordert, weitere 5 Monate oben zu bleiben.

Krikalew war an Gastastronauten gewöhnt. Bei seinem Flug zur Mir hatte er neben der britischen Astronautin Helen Sharman gesessen, die einige Tage in der Station geblieben war, finanziert von einem Londoner Konsortium. Über ein Dutzend Ausländer waren bislang zu Besuch dagewesen, darunter ein japanischer Journalist, der sich die meiste Zeit an den Wänden festklammerte, weil ihm übel war, und ernste europäische Astronauten, die echte wissenschaftliche Programme durchführten. Die Preise für eine Flugkarte für diese Besucher lagen zwischen 8 und 12 Millionen Dollar, je nach Länge ihres Aufenthalts. In letzter Zeit war es fast unmöglich geworden, irgendwelche sowjetische Sojus-Starts zu planen, wenn nicht ein Ausländer für den Flug zahlte.

Doch dieser jüngste Gast war nicht ganz so ausländisch, wie Krikalew vielleicht erwartet hatte, und er würde auch nichts für seinen Flug bezahlen. Es schien, daß die Weltraumverantwortlichen in Rußland die Kontrolle über ihren abgelegenen Startplatz in Baikonur in Kasachstan verloren hatten, weil die einst gezähmte Republik im Süden des Sowjetreiches die Herrschaft Moskaus abgeschüttelt und sich für selbständig erklärt hatte. Die kasachische Führung forderte nun eine versöhnliche Geste von Rußland: Bei der ersten Gelegenheit sollte ein Kasache zu einem Besuch bei der Mir hinaufgeschickt werden, sonst würde dem russischen Weltraumpersonal die weitere Benutzung des Baikonur-Komplexes verwehrt werden. Und es gab noch mehr besorgniserregende Nachrichten. Das Kontrollzentrum war sich nicht ganz sicher, wie es Krikalew über die Panzer berichten sollte, die in jenem August durch die Straßen Moskaus gerumpelt waren, und daß bei diesem versuchten Staatsstreich der liberale Reformer Michail Gorbatschow schließlich gestürzt worden, aber das alte Regime nicht wie ursprünglich geplant wieder an die Macht gekommen war. Tatsächlich hatte der Staatsstreich genau den entgegengesetzten Effekt gehabt: Er zerstörte die letzten Überreste der kommunistischen Herrschaft und zerschmetterte das Sowjetreich. Krikalews Missionsabzeichen wies ihn als Kosmonauten der Union der Sozialistischen Sowjetrepubliken aus. Von nun an hatte dieser Begriff keine sinnvolle Bedeutung mehr.

Das Kontrollzentrum betonte auch nicht weiter die Tatsache, daß zwei der Anführer des Staatsstreichs, Oleg Baklanow und Witali Dogutschijew, leitende Positionen im Raketenprogramm innegehabt hatten. Dies vor Augen, war Rußlands neuer Führer Boris Jelzin den Weltraumleuten nicht gerade wohlgesinnt. Im Februar 1992 schaffte er Krikalews Arbeitgeber, das einst so mächtige Ministerium für Allgemeinen Maschinenbau, ab und ersetzte es durch kleinere, weniger einflußreiche Einheiten. Für Raketenunternehmen war jetzt eine neue spezielle Behörde verantwortlich, die Russische Weltraumbehörde (Russian Space Agency, RSA). Wirtschaftliche Aktivitäten, die Jagd nach ausländischer harter Währung, hatten nun Vorrang vor der alten militärischen Großtuerei. Sofort wurde die RSA in denselben Kampf verwickelt, dem sich auch die NASA gegenüber gesehen hatte: die Armeegeneräle daran zu hindern, ihre schwindenden Finanzquellen auszurauben.

CHAOTISCHE ZUSTÄNDE

Als Krikalew schließlich im März 1992 heimkehrte, hatte er 313 Tage auf einer winzigen, unveränderten, von Kommunisten gebauten Insel im Weltraum verbracht, während sich sein riesiges Vaterland selbst in Stücke gerissen und für immer verändert hatte. Zu seiner Bestürzung mußte er feststellen, daß das ausstehende Gehalt für seine lange, ermüdende Mission kaum eine angemessene Entschädigung für seine Dienste darstellte. In fast wertlosen Rubeln bekam er umgerechnet vielleicht ein paar hundert amerikanische Dollar für 10 Monate Arbeit. Er und seine Familie konnten sich kaum etwas zu essen kaufen. Krikalews neuer Arbeitgeber, die RSA, konnte auch nicht helfen, weil ihre Finanzen zusammengebrochen waren, noch bevor sie überhaupt ihre Arbeit aufnehmen konnte.

EINE ROBUSTE TRÄGERRAKETE. Eine typische Sojus-Trägerrakete mit ihrer Kapsel in einer weißen Schutzhülle wird hier im Februar 1992 am Kosmodrom in Baikonur in Startposition gebracht (unten). Ein paar Stunden später steht sie aufrecht im Startgerüst (rechts). An Bord der gestarteten weißen Rakete (ganz rechts) befindet sich Norman Thagard, der erste amerikanische Besucher auf der Mir (14. März 1995). Die Zuverlässigkeit der Sojus-Rakete ist ein positiver Faktor für das russische Weltraum-Programm, das oft kurz vor dem Zusammenbruch zu stehen scheint.

Die frohlockende kasachische Führung hatte etwas in den Würgegriff genommen, das aber rasch an Wert verlor: Baikonur selbst. Die nahegelegene Stadt Leninsk war in den letzten 40 Jahren um das Zentrum herum gewachsen, und nun packten Zehntausende ihrer Bürger, hauptsächlich erfahrene russische und ukrainische Techniker, ihre Sachen und zogen davon wie Kriegsflüchtlinge, weil es in Baikonur keine Arbeitsplätze mehr für sie gab. Die zurückbleibenden Kasachen waren in ihrem eigenen Land stets wie Bürger zweiter Klasse behandelt worden. Rußland hatte sie nie in den Techniken ausgebildet, die nötig waren, um Raketen starten zu können – oder auch nur das Elektrizitätswerk von Leninsk in Gang zu halten. Ressentiments kochten über. Die abgeworfenen ersten Stufen von Trägerraketen aus vier Jahrzehnten russischen Startbetriebs lagen über weite Gebiete kasachischen Ackerlands verstreut, und Tausende Liter unverbrauchten Treibstoffs sickerten aus ihnen in den Boden. Unter sowjetischer Herrschaft hatte sich niemand zu beklagen gewagt. Nun forderten die Einheimischen, daß Rußland diesen giftigen Abfall beseitige und die Hälfte seiner Eigentumsrechte an Baikonur abgebe. Inzwischen beschlagnahmte der neu eingesetzte kasachische Grenzzoll russische Maschinen auf ihrem Weg zum Startzentrum und hielt einen Großteil davon bis zur Zahlung eines Lösegelds zurück.

Im Februar 1992, gerade als die neugegründete RSA versuchte, eine Art Arbeitsverhältnis mit den Kasachen herzustellen, rebellierten Baikonurs Armeewächter das erste Mal. Weitere Aufstände folgten, die alle im Mangel an Nahrung, schlechter Bezahlung und elenden Lebensbedingungen begründet waren. Sie brannten ihre Baracken nieder, und drei Menschen starben in dem Chaos.

DAS LEBEN AUF DER MIR IST KEIN SCHERZ. Das Kernmodul der Mir, gestartet im April 1986, zeigt allmählich Alterungserscheinungen, ganz wie der Rest der russischen industriellen und wirtschaftlichen Basis. NASA-Raumfährenbesatzungen witzeln gern, Kosmonauten würden sich danach drängen, zur Mir zu fliegen, um einen gehobeneren Lebensstandard genießen zu können. Aber das scheint eher unwahrscheinlich.

Ein Jahr später waren die Probleme der RSA in Baikonur katastrophal geworden. Im Mai 1993 stürzte eine Rakete mit einem Kommunikationssatelliten wie ein nasser Knallfrosch in den Pazifik, weil das Startpersonal in Baikonur nicht genügend reinen Treibstoff zur Verfügung hatte, um die Tanks der Rakete zu füllen. Einen Monat später stürmten 500 kasachische Rekruten das Zentrum, zerschlugen Ausrüstung, raubten die Autos der russischen Arbeiter und richteten schwere Schäden an.

ENTZWEITE STAATEN

Als ob die Kasachen nicht schon unangenehm genug wären, spielten auch bestimmte wichtige Raketen- und Weltraumeinrichtungen in der Ukraine ihre Unabhängigkeit von der russischen Vorherrschaft nach besten Kräften aus. Die Ukraine lieferte Raketenelemente, und außerdem war sie Standort mehrerer Relaisstationen, die die Verbindung zwischen dem Moskauer Bodenkontrollzentrum und den Kosmonauten in der Umlaufbahn aufrechterhielten. Gelegentlich erpreßten die Ukrainer Moskau, indem sie ihre Radioschüsseln gerade dann abschalteten, wenn die Mir über ihr Territorium hinwegflog. Einmal unterbrachen sie die Verbindung während eines Weltraumausfluges.

Die Ukraine besaß also zumindest etwas wirtschaftliche und politische Verhandlungsstärke. Kasachstan hatte nichts außer Baikonur. Als die Aussicht auf ein ausländisches wirtschaftliches Interesse an Rußlands verbleibenden Weltraumkapazitäten Präsident Jelzin schließlich zum Handeln zwang, unterschrieb er am 28. März 1994 ein Abkommen, in dem er Baikonur für umgerechnet 110 Millionen Dollar pro Jahr praktisch mietete, zahlbar in Form von Handelskrediten. Wenige Wochen später zerstörte ein Feuer im Weltraumzentrum Raketenteile in einer Montagehalle. Es gab kein Wasser, um die Flammen zu bekämpfen.

Es wäre kaum fair, unterjochte Staaten wie Kasachstan mit irgendeinem westlichen Staat zu vergleichen. Aber man stelle sich einmal folgende Parallele vor: Angenommen, Kalifornien, Texas, Florida und all die anderen US-Staaten erklärten plötzlich ihre Unabhängigkeit, während ultrarepublikanische Putschisten Panzer in den Straßen Washingtons auffahren ließen. Dann weite man den gewöhnlichen Nahkampf zwischen der NASA und dem Militär noch aus, füge die vielen rivalisierenden Zulieferfirmen hinzu, um eine Mischung aus Zank und Verworrenheit zu erzeugen. Man stelle sich vor, die NASA sei aufgeteilt, um ihren politischen Einfluß zu neutralisieren, während die einzelnen Raumflugzentren um die Kontrolle über die wenigen Weltraumaktivitäten kämpfen, die noch übrig sind. Man stelle sich ständigen Aufruhr und Plünderungen im Kennedy-Startzentrum vor, während die Behörden Floridas hohe Steuern auf Hardware erheben, die aus anderen Staaten eintrifft und hier zusammengebaut werden soll. Und man stelle sich weiter vor, Florida würde dann vom Johnson-Kontrollzentrum in Texas die Zahlung hoher Gebühren fordern, um das Startzentrum überhaupt benutzen zu dürfen. Dann füge man noch obendrein den vergifteten Beigeschmack eines fast allgemeinen Staatsbankrotts hinzu, der zum Verlust Tausender von Arbeitsplätzen führt und das Gehalt eines Weltraumarbeiters von umgerechnet 50 000 Dollar im Jahr auf bestenfalls vielleicht 2000 Dollar sinken läßt – und es wird unmöglich, eine Behörde effektiv zu betreiben.

Wie tief würde die Moral der Weltraumarbeiter unter solchen Umständen wohl sinken? Eine Transportrakete, die zu einer in Betrieb befindlichen Raumstation fliegen soll, könnte zum Beispiel auf der Startrampe geplündert werden. Bodenmannschaften, die verzweifelt für sich selbst Nahrung suchen, könnten die Lebensmittelpakete an

Bord rauben oder die Ladung des Transporters auf dem schwarzen Markt gegen harte Währung verkaufen. Man stelle sich vor, wie die Transportrakete der Hälfte ihrer Vorräte beraubt in den Himmel steigt ... Mitte 1994 wurde tatsächlich eine Progress-Fähre, die zur Mir fliegen sollte, unmittelbar vor dem Start ausgeplündert.

Das Chaos in Baikonur war nicht das einzige Problem für die RSA. In Rußland selbst zankten sich überlebende Abteilungen des alten Ministeriums für Allgemeinen Maschinenbau um die Zuständigkeit für den Weltraum. Die RSA war für die Leitung der Missionen und alle Flugaktivitäten verantwortlich. NPO Energia, ein Fabrikkomplex, hielt weiterhin die Kontrolle über den Bau von Sojus-Kapseln in Händen. Dabei war es nicht gerade hilfreich, daß viele ihrer Fertigungsstätten in Baikonur lagen, tief im rebellischen Kasachstan. Eine weitere mächtige Fabrikationseinrichtung, Chrunitschew, baute dagegen die Proton-Raketen für den Start von Mir-Hardware.

Im Februar 1992 wurde Juri Koptew mit der keineswegs beneidenswerten Aufgabe betraut zu versuchen, Ordnung in dieses Durcheinander zu bringen. Er hatte zwar die zweithöchste Stellung im alten Ministerium für Maschinenbau innegehabt, war aber in keinster Weise durch irgendeine Beteiligung an dem fehlgeschlagenen Staatsstreich belastet. Präsident Jelzin wählte ihn als Leiter der neuen RSA aus. Dieser große, stämmige Mann mit seiner schroffen Art und einem stählernem Blick war vielleicht der wichtigste einigende Faktor in dem Kampf, das Weltraumprogramm wieder zu einem sinnvollen Ganzen zusammenzufügen. Koptew ermutigte amerikanische Luft- und Raumfahrtfirmen wie Lockheed und Boeing, Büros in Rußland einzurichten und mit lokalen Fabriken zusammenzuarbeiten. Diese großen ausländischen Gesellschaften erwiesen sich als wertvolle Verbündete. Sie kamen, ausgerüstet mit harter Währung statt nutzloser Rubel. Ihre Handelskraft ermöglichte es ihnen, den Russen Marktvorschriften aufzuzwingen. Aber es war eine merkwürdige Umgebung für Handelsgeschäfte, die die Amerikaner zunächst verwirrte. Zu Sowjetzeiten hatten sich Fabriken nie um Gewinn und Verlust oder gar über finanzielle Kontrolle Gedanken gemacht. Sie »frisierten« einfach ihre Zahlen so, daß sie in den neuesten staatlichen Fünfjahresplan paßten. Als nun Ausländer wissen wollten, welche Preise sie für bestimmte Güter und Dienstleistungen verlangen könnten, hatten die russischen Manager keine Vorstellung, wie sie ihre Produkte bewerten sollten. Westliche Verhandlungspartner mußten auch feststellen, daß der Begriff »Vertrag« russischen Geschäftsmanagern fremd war, weil sie es in ihrem Geschäftsverkehr mit dem alten Staat selten mit so etwas zu tun gehabt hatten.

Juri Koptew wandte sich bei der Suche nach einer Lösung seiner Probleme immer mehr an den Westen. Er war sehr überrascht und erfreut zu sehen, daß der NASA-Chef Dan Goldin ihn fast ebenso dringend

EINE ENGE KAPSEL.
Zwei Kosmonauten in einem Sojus-Simulator in der Sternenstadt, dem wichtigsten russischen Weltraum-Trainingszentrum nahe Moskau. Sojus kann eine dreiköpfige Besatzung transportieren. Einer der Sitze kann jedoch durch einen kleinen Frachtcontainer ersetzt werden. Die Besatzung muß während des Starts Druckanzüge tragen, so daß es in der Kabine noch enger ist als auf diesem Foto. Sojus ist ein Rückfall in die sechziger Jahre, als sich alle Weltraumfahrer in winzige Kapseln zwängen mußten.

WASHINGTON, SEPTEMBER 1993: DAS ABKOMMEN ZWISCHEN RUSSLAND UND AMERIKA, DAS IHRE RIVALITÄT IM WELTRAUM BEENDETE.

Phase eins: *Die für 1995 geplante Raumfähren-Mission zur Mir, über die sich die Präsidenten George Bush und Boris Jelzin erstmals am 17. Juni 1992 geeinigt hatten, wird um weitere Ankopplungen der Raumfähre bis zum Jahr 1997 erweitert, wobei amerikanische Astronauten insgesamt eine Flugzeit von 2 Jahren an Bord der Mir verbringen sollen. Raumfähren werden bei der Wartung und Versorgung der russischen Station helfen. Zwei zusätzliche Mir-Module, »Priroda« und »Spektr«, werden für amerikanische wissenschaftliche Experimente ausgerüstet.*
Für zur Phase eins gehörende Aktivitäten erhält Rußland 1994 100 Millionen Dollar und weitere 100 Millionen Dollar pro Jahr bis 1997.

Phase zwei: *Rußland wird einen Teil seiner existierenden nicht gestarteten Hardware als Baustein für die Internationale Raumstation umbauen. Dieser »Funktionale Energieblock« (FGB) wird vorübergehend Antrieb und Strom liefern, während um ihn herum der Rest der Station für den Zusammenbau vorbereitet wird. Für den Start des Blocks und anderer Komponenten wird Rußlands unbemannte Proton-Rakete kostenlos zur Verfügung stehen.*
Im Gegenzug für diese Elemente wird die russische Industrie mit einem angemessenen Betrag entschädigt, über den man sich in naher Zukunft einigen wird.
Rußland und Amerika werden zusammen einen gemeinsamen Raumanzug sowie Lebenserhaltungs- und Umweltkontrollsysteme entwerfen. Ein Solarofenenergiesystem wird gemeinsam entworfen und auf Mir getestet.

DIE ANDERE SEITE DES ABKOMMENS: SICHERHEIT ODER PROTEKTIONISMUS?

In einem angeblich getrennten Bündel von Verträgen schlagen die amerikanischen Verhandlungspartner im Gegenzug zu Rußlands 100 Millionen Dollar pro Jahr einen hohen Preis heraus:
Rußland darf bis zum Jahr 2000 bis zu 8 kommerzielle Satelliten für nichtrussische Kunden starten, vorausgesetzt die Startgebühren sind innerhalb einer Spanne von 7,5 Prozent vergleichbar mit europäischen und amerikanischen Preisen für ähnliche Startleistungen.
Im Sinne des Kontrollabkommens über Raketenwaffentechnologie (Missile Technology Control Regime) wird Rußland derzeitige Pläne aufgeben, Flüssigtreibstoff-Raketentechnologie an Indien zu verkaufen.

Diese Übereinkunft versetzte Rußland in eine merkwürdige Lage und erlaubte seinen europäischen und amerikanischen Konkurrenten praktisch festzusetzen, was ein fairer Preis für Satellitenstarts sei, wodurch Rußland das Vorrecht genommen wurde, Konkurrenten ohne Einschränkungen unterbieten zu können.

brauchte wie er Goldin. Die NASA mußte zusätzliche Schubkraft für den Bau ihrer Raumstation finden, und Rußland schien in der Lage, sie zumindest im Prinzip liefern zu können. Die Station würde nun ein bedeutendes Instrument der Ost-West-Beziehungen werden, ein stabilisierender Faktor zwischen den alten Supermächten und ein Mittel zum Abbau von Spannungen.

DIE UNTERZEICHNUNG DES ABKOMMENS

Nun, mit Präsident Clinton im Weißen Haus, beschleunigte sich das Tempo der russisch-amerikanischen Integration weiter. Als Goldin im März 1992 seine 45 Mann starke Arbeitsgruppe zusammenrief, um noch vor der Vest-Kommission die Raumstationsentwürfe neu zu überarbeiten, lud er auch einige russische Ingenieure als Beobachter ein. Ohne große formelle Vorreden setzten sie sich mit ihren amerikanischen Kollegen zusammen hin und besprachen ganz konkrete technische Fragen. Was wäre, wenn Rußland helfen würde, eine Raumstation zu bauen? Wie könnte dies durchgeführt werden? Genauso wie die europäischen Spacelab-Ingenieure politische Schwierigkeiten ignoriert hatten, um mit amerikanischen Ingenieuren zusammenzuarbeiten, so schlossen die Russen Freundschaft mit NASA-Leuten, die dieselbe Sprache der Umlaufbahnen, Flugbahnen, Leistungs-Gewichts-Verhältnisse, Kopplungsadapter, Triebwerksschubkräfte und Kühlsysteme sprachen.
Die positiven Ergebnisse dieser und anderer Sitzungen führten zu den Empfehlungen der Vest-Kommission vom Juni 1993, die Russen mit zu beteiligen. Am 2. September unterzeichneten Vizepräsident Al Gore, der russische Ministerpräsident Viktor Tschernomyrdin und die beiden Weltraumchefs Koptew und Goldin bei einem speziellen Treffen im Weißen Haus ein wichtiges Abkommen. Rußland würde an der Weltraumstation beteiligt. Von nun an würde das Projekt aus Rücksicht auf russische Empfindlichkeiten nicht mehr »Freedom«, sondern »Alpha« heißen. Die Presse begrüßte das Ereignis als historischen Pakt. Einige Reporter machten sich die Mühe und erwähnten ein zweites Bündel von Übereinkünften, die an jenem Tag unterzeichnet wurden und die es Rußland verboten, Weltraumtechnologie an Indien zu verkaufen, sowie seine Möglichkeiten einschränkten, billige Satellitenstarts in direkter Konkurrenz zu amerikanischen und europäischen kommerziellen Unternehmungen anzubieten.
Die Motive hinter all diesen Übereinkünften waren komplex. So wie James Beggs in den achtziger Jahren die Aussicht auf eine Zusammenarbeit mit den Europäern benutzt hatte, um

die Raumstation der NASA im Kongreß zu schützen, so wollte Goldin jetzt das Schicksal der Station in die geopolitische Beziehungen zwischen Amerika und Rußland mit einbinden. Goldin hat stets behauptet, daß eine russische Beteiligung das Raumstationsprogramm beschleunigen und der NASA Geld sparen würde. Diese Behauptungen waren keineswegs unredlich, aber ebensowenig nachweisbar. Der Kongreß erkannte, daß der wahre Wert einer russischen Beteiligung woanders lag. Insbesondere sah das amerikanische politische Establishment die Zusammenarbeit im Weltraum als eine Möglichkeit an, seine Beziehungen zu Rußland als Ganzes zu stabilisieren.

Obwohl der Kalte Krieg beendet war, blieb Rußland weiterhin unberechenbar und noch immer schwer bewaffnet. Seine Wirtschaft lag in Trümmern, und die Versuchung, Waffentechnologie ans Ausland zu verkaufen, war übermächtig. Die enge Beziehung, die Goldin und Koptew eingegangen waren, bot Amerika die Möglichkeit, ein gewisses Maß an Kontrolle über Rußlands instabile Technologiegrundlagen zu erlangen. Wenn man half, Rußlands Ingenieure weiterhin bei friedlichen internationalen Weltraumprojekten zu beschäftigen, so würde das die Versuchung für sie mindern, ihr Können an Libyen, den Irak oder andere unerwünschte Kunden zu verkaufen – so lauteten die Überlegungen. Daher die enge Verknüpfung zwischen dem Raumstationsabkommen und der Beschränkung russischer Verkäufe von Raketentechnologie an Indien.

Indische Weltraumbeamte waren ziemlich verblüfft. Sie hatten russische Raketentriebwerke nie für Fernlenkgeschosse gewollt. Sie wollten nur Satelliten starten. Die Befürchtungen der Amerikaner lagen nicht allein in der möglichen Verbreitung von Waffentechnologie begründet, sondern ebenso sehr auch in der Konkurrenz auf dem kommerziellen Markt für Satellitenstarts.

Auch wenn die Washingtoner Diplomaten glaubten, sie hätten mit diesem Abkommen eine Meisterleistung vollbracht, so waren sich andere da nicht so sicher. Die Moskauer Nachrichten zum Beispiel schrieben: »Wir machen einen Ausverkauf unserer Weltraumtechnologie und ermöglichen den Amerikanern Durchbrüche für fast umsonst.« Und im Westen warnte die hochangesehene wissenschaftliche Fachzeitschrift Nature: »Das größte Fragezeichen steht hinter der Überlegung, ob es klug ist, das Schicksal eines internationalen Programms, das bereits durch die Eskapaden des US-Kongresses fast zerstört worden ist, von den noch größeren Eskapaden russischer Politik abhängig zu machen.«

Goldin und sein Verhandlungsteam besuchten Moskau in der ersten Novemberwoche. Als sie Platz nahmen, um mit ihren russischen Gastgebern zu reden, begannen die Fenster ihres Konferenzraumes zu zittern. Wieder waren Panzer auf den Straßen Moskaus, und sie schossen im Ernst. Präsident Jelzin stürmte das rebellische Parlamentsgebäude.

EIN WEIT AUSEINANDERGEZOGENER WELTRAUMKOMPLEX.

Diese Zeichnung zeigt eine Ankopplung zwischen einer amerikanischen Raumfähre und der russischen Mir-Station. Geschützt durch die Schwerelosigkeit, erstrecken sich die empfindlichen Strukturen in alle Richtungen. Gewicht und Startdatum der einzelnen Mir-Module sind folgende:

Kernmodul (Februar 1986), 20 400 kg, enthält die Hauptkabine, besitzt hinten eine Andockmanschette für Sojus-Kapseln und vorn eine Vielfachanschlußstelle für zusätzliche Module.

Kvant 1 *Quant* (März 1987), 11 000 kg, bietet zusätzlichen Innenarbeitsraum.

Kvant 2 (November 1989), 19 565 kg, enthält ein Aufbereitungssystem für Urin, eine Dusche und eine Luftschleuse für Ausstiegsmanöver.

Kristal *Kristall* (Mai 1990), 19 640 kg, besitzt zusätzliche Andockmanschetten und wissenschaftliche Nutzlasten, darunter Öfen zur Materialverarbeitung.

Spektr *Spektrum* (Mai 1995), beladen mit 755 kg an Experimenten für amerikanische Gastastronauten.

Priroda *Natur* (November 1995), wurde im April 1996 angefügt, trägt 935 kg amerikanische Experimente. In dieser Darstellung, die die zweite Raumfähren/Mir-Ankopplung im November 1995 zeigt (vor Ankunft von Priroda), ist es nicht abgebildet.

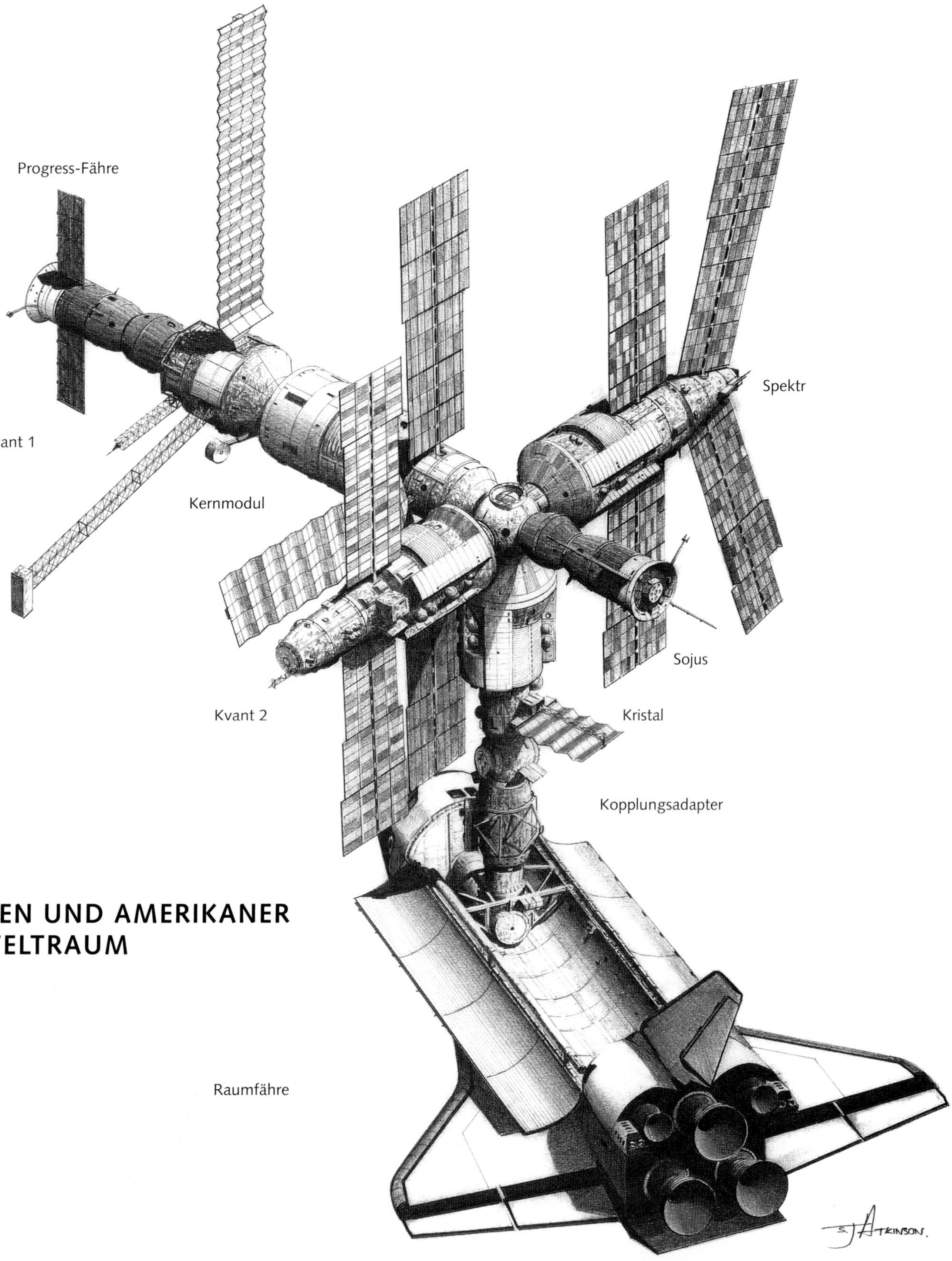

RUSSEN UND AMERIKANER IM WELTRAUM

PROJEKT »ALPHA«

Zwischen 1993 und Ende 1995 gewann das Projekt einer Raumstation, jetzt »Alpha« genannt, zunehmend an technischem und politischem Schwung. Die NASA konnte einige wertvolle Erfolge bei ihren Raumfährenunternehmungen erzielen, und die neue Allianz mit Rußland, wenn auch anscheinend zerbrechlich, begann solide Ergebnisse im All zu liefern. Das Eingreifen eines Oscar-Preisträgers erwies sich ebenfalls als Pluspunkt für das Schicksal von Alpha.

ENDLICH IN DER UMLAUFBAHN?
Diese Computergrafik der NASA zeigt die Internationale Raumstation in ihrer vollständigen Gestalt. Die ersten Elemente werden mit einer russischen Trägerrakete im Juni 1998 gestartet. Im Jahr 2003 soll die Station komplett sein.

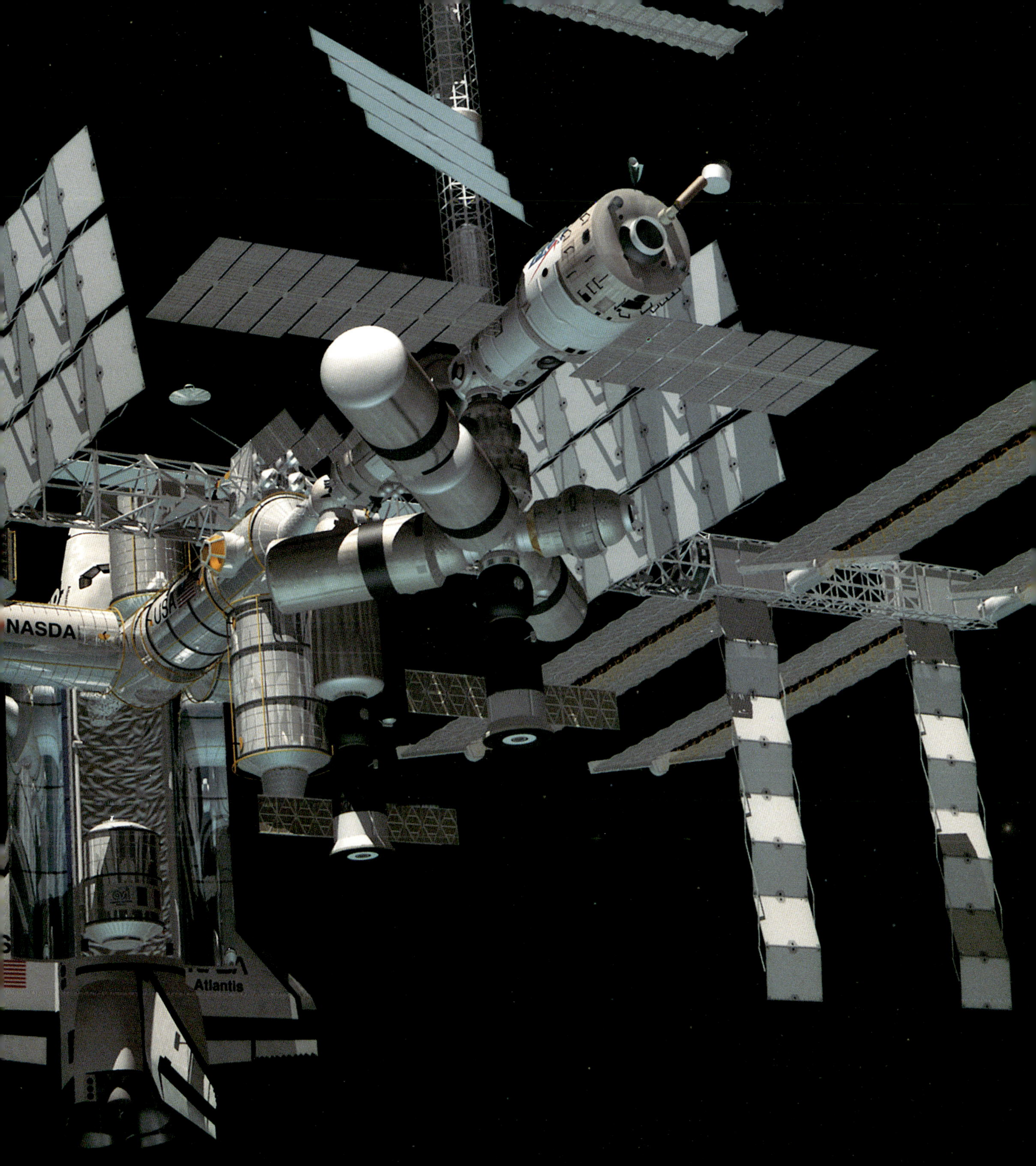
NASDA
USA
Atlantis

PROJEKT »ALPHA«

Kurz vor Weihnachten 1993 geschah etwas, das die Raumstation wieder auf Kurs brachte. Die NASA vollbrachte etwas Spektakuläres; etwas, das funktionierte; etwas, das sich gut im Fernsehen machte, die Politiker erfreute und die Aufmerksamkeit von den internationalen Spannungen ablenkte.

Das Hubble-Weltraumteleskop war noch immer in einem desolaten Zustand. Seit seinem Start im April 1990 hatten sich die Probleme gehäuft. Der Spiegel hatte die falsche Gestalt, und die riesigen Sonnenzellenflächen, die die Bordausrüstung mit Strom versorgten, verbogen und krümmten sich jedesmal, wenn Hubble auf seiner Bahn direkter Sonneneinstrahlung ausgesetzt wurde oder wieder in den Schatten eintrat. Seit diese und andere Probleme offenkundig geworden waren, überlegte die NASA, wie all diese Milliarden-Dollar-schweren Schnitzer wieder ausgebügelt werden konnten.

Zum Glück war von Anfang an vorgesehen gewesen, Hubble im Orbit durch Astronauten zu warten. Optikingenieure erkannten, daß der fehlerhafte Spiegel durch ein geschickt gewähltes Linsensystem am »Okular«-Ende des Teleskops korrigiert werden konnte, das die verwaschenen Bilder scharf stellte. Inzwischen fand auch die britische Firma, die die Solarzellenflächen hergestellt hatte, heraus, warum sich diese so mangelhaft verhielten, und baute ein neues Flächenpaar, das bei Temperaturschwankungen stabil blieb.

Am 2. Dezember 1993 startete die Raumfähre *Endeavour* mit einer Rettungsmannschaft für Hubble an Bord. In zwei abwechselnd arbeitenden Schichten führten die Astronauten Story Musgrave, Jeffrey Hoffman, Thomas Akers und Kathryn Thornton in 5 aufeinanderfolgenden »Weltraumspaziergängen« von insgesamt 35 Stunden Dauer alle Reparaturen durch. Hubble wurde zunächst mit Hilfe des kanadischen ferngesteuerten Roboterarms (einem sehr wichtigen Ausrüstungsgegenstand, der bei vielen Raumfährenflügen erfolgreich eingesetzt worden ist) in die Ladebucht der *Endeavour* gezogen. Anschließend brachten Musgrave und Hoffman Hubble per Hand in eine sichere Position und begannen Geräte auszutauschen. Danach hatte Thornton ein gefährliches aber notwendiges Manöver durchzuführen, indem sie mit einer Schere die alten Sonnenzellenflächen abschnitt, während die *Endeavour* kurz ihr Triebwerk zündete, um die Flächen sicher in die Atmosphäre hinunterzustoßen.

Jetzt konnten Thornton und Akers das eigenständige Korrekturoptik-Paket in eine Seitenluke von Hubble einschieben. Bei nachfolgenden Ausstiegsmanövern montierte die Mannschaft schließlich noch weitere Instrumente und neue Kreiselsysteme, bevor sie Hubble wieder vorsichtig von der *Endeavour* löste und zurück in eine eigene Umlaufbahn beförderte. Hubbles Instrumente mögen fehlerhaft gewesen sein, aber das Raumfahrzeug an sich erwies sich diesmal als gut konstruiert. Die Zugriffsklappen ließen sich ohne Probleme öffnen, und die neuen Geräte glitten planmäßig an ihren Platz. Diese Reparaturmission war ein weiteres Beispiel für das, was gemeinhin als »Can-do«-Fähigkeiten der NASA bekannt war. Die Weltraumspaziergänge waren spektakulär, und die neugefundene Zuversicht der NASA schien ansteckend zu sein. Einige der Kritiker der

EIN LANGSTRECKENREISENDER. Gegen Ende seiner rekordbrechenden 438-tägigen Mission schaut Kosmonaut Walerij Poliakow im Februar 1995 aus dem Fenster der Mir, um die Annäherung der Raumfähre *Discovery* zu beobachten, während die Raumfährenmannschaft zu ihm hinüberblickt. (Bei dieser Gelegenheit fand keine Ankopplung statt.)

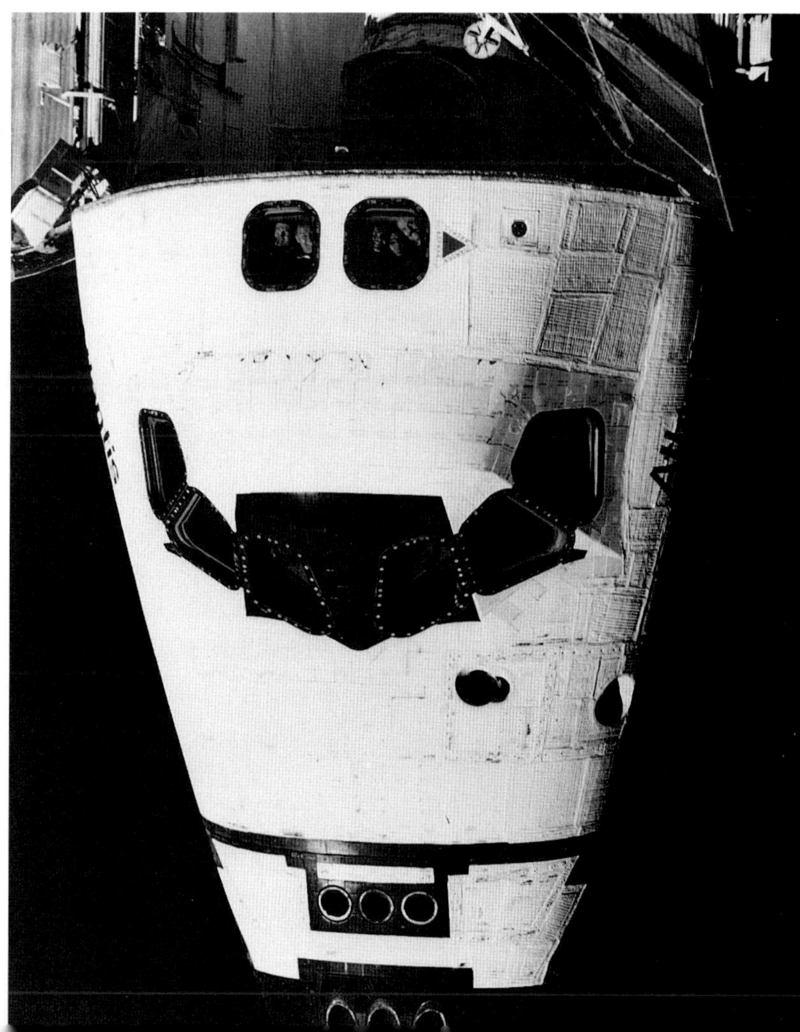

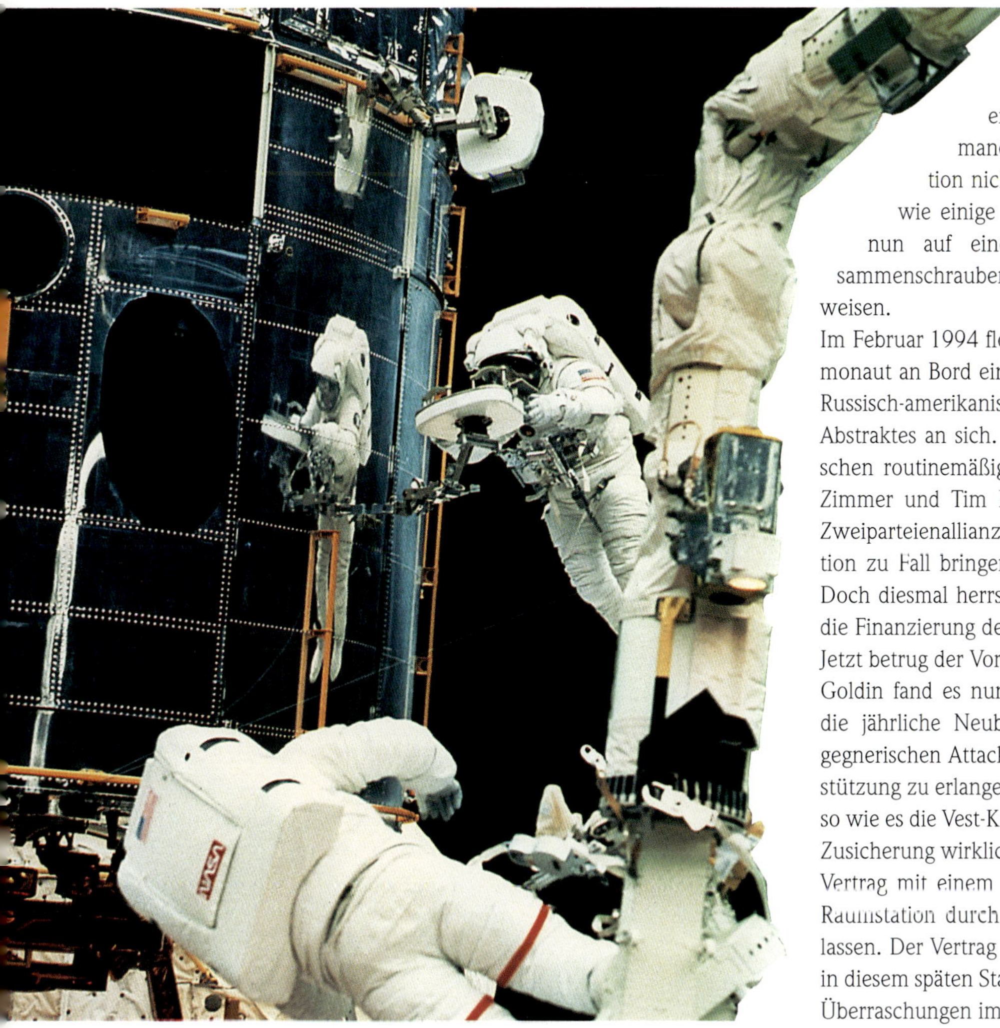

Behörde im Kongreß revidierten ihren Standpunkt, vielleicht weil sie angesichts eines offenkundigen Erfolgs nicht unfreundlich erscheinen wollten. Die komplexen Ausstiegsmanöver bewiesen auch, daß der Bau einer Raumstation nicht unbedingt ein so tollkühnes Unternehmen war, wie einige Kritiker meinten. Die Planer von Alpha konnten nun auf einen überzeugenden Präzedenzfall für das Zusammenschrauben von Bauteilen bei Weltraumspaziergängen verweisen.

Im Februar 1994 flog dann schließlich Sergeij Krikalew als erster Kosmonaut an Bord einer amerikanischen Weltraumfähre, der *Discovery*. Russisch-amerikanische Zusammenarbeit hatte langsam etwas weniger Abstraktes an sich. Im Kongreß sah sich die Raumstation den inzwischen routinemäßigen Angriffen gegenüber. Die Abgeordneten Dick Zimmer und Tim Roemer standen zusammen mit ihrer bekannten Zweiparteienallianz bereit und brachten einen Antrag ein, der die Station zu Fall bringen sollte. Die Abstimmung fand am 29. Juni statt. Doch diesmal herrschte eine andere Stimmung. Ein Jahr zuvor hatte die Finanzierung der Station mit nur einer Stimme Mehrheit überlebt. Jetzt betrug der Vorsprung 123 Stimmen.

Goldin fand es nun an der Zeit, mehr zu erreichen als einfach nur die jährliche Neubewilligung eines Budgets. Statt immer nur die gegnerischen Attacken zu überleben, sollte die Station positive Unterstützung zu erlangen suchen – ein formelles langfristiges Engagement, so wie es die Vest-Kommission empfohlen hatte. Goldin brauchte diese Zusicherung wirklich, denn 6 Monate zuvor hatte er einen bindenden Vertrag mit einem einzelnen großen Zulieferer geschlossen, um die Raumstation durch eine hauptverantwortliche Firma fertigstellen zu lassen. Der Vertrag hatte ein Volumen von 5,6 Milliarden Dollar, und in diesem späten Stadium konnte sein Nutznießer, Boeing, keine üblen Überraschungen im Kongreß gebrauchen.

AUFTRAG DURCHGEFÜHRT. Astronauten reparieren im Dezember 1993 das Hubble-Weltraumteleskop. Es ist der fünfte Flug der Raumfähre *Endeavour*. Im Inneren ihres Helmes ist das Gesicht der Astronautin Kathy Thornton zu erkennen (links).

BOEING IST BOSS

Am 13. Januar 1995 unterzeichnete Boeing einen 5,6-Milliarden-Dollar-Vertrag mit der NASA, der die Firma zum Hauptzulieferer für Alpha machte. Auf diese Weise wurde die Kontrolle über die verschiedenen Firmen, die alle um ein Stück vom Raumstationskuchen wetteiferten, in einer Hand vereinigt. Von nun an würden die endlosen Streitereien aufhören und Boeing das Sagen haben. Rockwell, McDonnell Douglas, Lockheed und andere Firmen, die auf eine größere Rolle gehofft hatten, wurden durch bedeutende Unterverträge getröstet. Dan Goldin übertrug dem Johnson Space Center in Texas die unangefochtene Leitung des Projekts und beendete damit all die Doppelaktivitäten in anderen Zentren.

Einen Monat nach Unterzeichnung des NASA-Vertrags bestätigte Boeing einen 190-Millionen-Dollar-Vertrag mit der russischen Herstellerfirma Chrutschinew über den Kauf einer speziellen Antriebseinheit, einem »Funktionellen Frachtblock« (der gewöhnlich mit seinem russischen Kurznamen FGB bezeichnet wird). Das Wort

»funktionell« ist entscheidend. In den Anfangsstadien des Baus der Raumstation wird der FGB die Energie für die Triebwerke liefern, die zur Stabilisierung der Umlaufbahn der Station nötig sind, sowie die elektrische Grundversorgung sichern. Rußland mag zwar den Großteil der Hardware für den FGB bauen, aber Boeing hat die letzte Verantwortung für dessen rechtzeitige Lieferung übernommen.

Die Festigung ihrer Position machte die Boeing-Chefs sehr glücklich. Die Entscheidung der NASA, ihnen den Hauptvertrag zu geben, mag zum Teil durch ihre innovativen Managementpraktiken beeinflußt worden sein, die sie während der Konstruktion und des Baus ihres jüngsten Großraumflugzeugs, der 777, eingeführt hatten. Doch es gab noch etwas, das zugunsten dieser Firma sprach: eine gebrauchsfertige Fabrikanlage tief im Herzen eines NASA-Raumflugzentrums. In den Tagen von Apollo hatte Boeing die riesigen ersten Stufen der Saturn-Mondraketen gebaut und eine größere Verwaltungs- und Fertigungsanlage im Herzen des Marshall Center der NASA in Huntsville errichtet. 1966 beschäftigte die Firma dort 4500 Mitarbeiter. (Die größten Saturn-Komponenten wurden in Michoud gebaut, von wo aus sie per Lastkahn hinunter zum Kennedy Center transportiert wurden. Aber diese Unternehmungen wurden hauptsächlich von Huntsville aus geleitet.)

Bis Mitte der siebziger Jahre sank dort aber die Mitarbeiterzahl auf vielleicht zwei Dutzend Leute. Boeing war gezwungen, die meisten seiner Apollo-Arbeiter zu entlassen und seine finanziellen Ressourcen in andere Fabriken zu lenken, wo die 747 Jumbo-Jets produziert wurden. Aber die Firma traf die kühne Entscheidung, die riesige, teure, leere Anlage in Huntsville zu behalten und auf den Tag zu warten, wo sich ihr Schicksal in der Weltraumindustrie vielleicht zum Besseren wenden würde.

Heute arbeiten wieder über 1000 Menschen in der Fabrikanlage und bauen Module für die Raumstation. Die Arbeit geht gut voran – tatsächlich sind die Module fast fertig. Sie müssen nur noch getestet, von den McDonnell-Unterzulieferen mit ihrer Innenausrüstung versehen und dann nach Florida geschickt werden, wo sie nach und nach als Nutzlasten auf die Frachtliste der Raumfährenstarts gesetzt werden. Und was wird in einigen Jahren mit den Boeing-Arbeitern geschehen? Zweifellos wird die Firma schon jetzt in Washington Einfluß zu nehmen versuchen, damit in Huntsville etwas Neues gebaut werden kann.

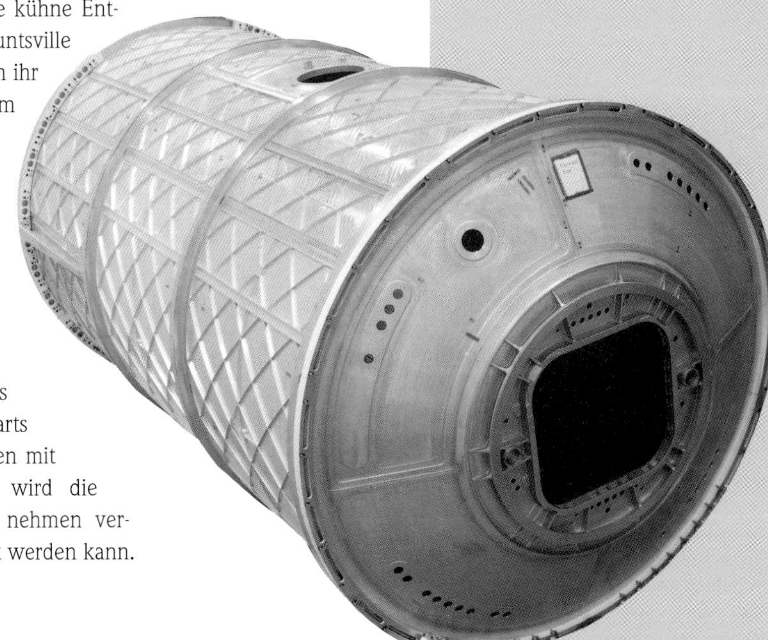

MONTAGE BEENDET.
November 1995: Das amerikanische Labor-Modul nach Beendigung der Schweißarbeiten in der Boeing-Fertigungsanlage in Huntsville. Die Waffelstruktur gibt zusätzliche Stärke und Festigkeit. Über dem Waffelgitter werden vor dem Start noch thermische und Mikrometeoritenschutzhüllen angebracht. Das Modul ist 8,5 m lang, hat 4,3 m Durchmesser und wiegt vor Einbau der Innenausrüstung 2720 kg. Oben am Zylinder befindet sich ein Loch für eine 508 mm breite Beobachtungsluke.

IN STIMMUNG

Die letzten Nägel wurden 1995 in die Särge der Raumstationsgegner im Kongreß geschlagen. Das Bautempo beschleunigte sich, weil die NASA – endlich – einen Entwurf hatte, an dem sie festhalten konnte. Und von den papierenen Plänen ganz abgesehen, wurde die tatsächliche Zusammenarbeit im Weltraum mehr und mehr zur Routine. Am 3. Februar startete die Raumfähre *Discovery* zu einem Rendezvous mit der Mir, wobei sie sich der Station auf 13 Meter näherte. Kommandant war der Astronaut James Wetherbee. Neben ihm saß Eileen Collins am Kontrollpult als erste Pilotin einer Raumfähre; ebenfalls an Bord war der russische Kosmonaut Walerij Titow.

EIN HISTORISCHER HÄNDEDRUCK.
29. Juni 1995: Zum ersten Mal nach 20 Jahren begrüßt ein amerikanischer Raumschiffkommandant seinen russischen Kollegen in der Umlaufbahn (links). Im Verbindungstunnel zwischen der Raumfähre *Atlantis* und der Mir schüttelt Robert »Hoot« Gibson, im Trainingsanzug, Wladimir Detschurow die Hand. Später versammeln sich die Mitglieder beider Mannschaften im Spacelab-Modul an Bord der *Atlantis* für ein Gruppenfoto (oben). Links im Bild schwebt mit gekreuzten Armen Anatolij Solowjew. Im Uhrzeigersinn folgen Gregory Harbaugh, Raumfährenkommandant Robert Gibson, Charles Precourt, Nikolaij Budarin, Ellen Baker, Bonnie Dunbar, Norman Thagard, Gennadij Strekalow und Mir-Kommandant Wladimir Detschurow.

Wegen eines undichten Triebwerks mußten NASA und RSA kurzfristig einige Änderungen beim Rendezvousmanöver miteinander absprechen. Es gab Befürchtungen, daß winzige Treibstoffmengen die empfindlichen Außeninstrumente der Mir verunreinigen könnten. Daß dieses Problem schließlich gelöst werden konnte, war ein ermutigendes Zeichen.

Am 14. März besuchte Norman Thagard an Bord einer Sojus als erster amerikanischer Astronaut die Mir. Am 29. Juni 1995 koppelte die Raumfähre *Atlantis* an der Mir an, um ihn wieder abzuholen (fast genau 20 Jahre nach dem ersten historischen Andocken zwischen Apollo und Sojus). Zwei Russen an Bord der *Atlantis* lösten zwei Kollegen an Bord der Mir ab, die dann mit Thagard an Bord der Raumfähre heimkehrten. Dies war das erste Mal in der Geschichte, daß Menschen in dem einen Fahrzeugtyp in den Weltraum geflogen waren und in einem anderen wieder zurückkamen.

EIN BESUCH VON MR. HANKS

In jenem Sommer gab es einen neuen Kinofilm mit Tom Hanks, der für volle Häuser sorgte. *Apollo 13* spielte die Mondmission von April 1970 nach, die wegen einer Explosion an Bord fast im Weltraum verlorengegangen war. Hanks stellte Jim Lovell dar, den Kommandant des Schiffes. Die Innenaufnahmen wurden an Bord eines Frachtjets in großer Höhe gedreht, so daß bei Sturzflügen kurze Augenblicke der Schwerelosigkeit herrschten. Die im Inneren des Flugzeugs eingebaute Apollo-Kabine war eine getreue Reproduktion des Originals von 1970, bis hin zu den letzten Schaltern und Anzeigen. Hanks und seine Mitschauspieler gaben eine glaubhafte, nicht übertriebene Darstellung. Andere Schauspieler spielten ebenso realistisch die Ingenieure der Bodenkontrolle. Die großen Gefahren, denen die Mannschaft von Apollo 13 ausgesetzt waren, ließen im nachhinein die Erfolge all der anderen sogenannten »Routine«-Mondlandungen um so deutlicher hervortreten.

Der Film fesselte die Phantasie des Publikums und rief die ruhmreichen Tage der NASA wieder aufs lebhafteste in Erinnerung. Für Bill Clinton fand eine besondere Vorführung im Weißen Haus statt, während die Republikaner im Kongreß den Film als Beispiel für ihre eigenen höchsten Werte ausgaben. Unter dem Eindruck dieser aufwallenden Weltraumromantik, die noch durch das echte Kopplungsmanöver zwischen Raumfähre und Mir-Station verstärkt wurde, mußten viele Gegner der NASA ihre Positionen neu überdenken, wenn sie nicht unpatriotisch erscheinen wollten.

Am 25. Juli 1995 besuchte Tom Hanks das Kapitol und sprach vor einer Gruppe Politiker beider Parteien über *Apollo 13*. Einige Tage später schrieb er einen offenen Brief an den Kongreß: »Ich weiß, daß solche Pläne wie eine dauerhaft bemannte wissenschaftliche Station in der Umlaufbahn und andere NASA-Projekte nicht so aufsehenerregend sind wie ein Flug zum Mond. Und die Probleme hier auf unserer Welt erfordern weiß Gott unsere ganze Aufmerksamkeit, Entschlossenheit und Tatkraft. Aber wenn wir uns entscheiden, nicht in den Weltraum zu gehen, beschließen, daß unsere Entdeckertage vorüber sind … so würde das unserer klaren Bestimmung entgegenstehen. Ich hoffe, Sie werden die volle Finanzierung der NASA-Programme unterstützen.« Hanks Einfluß und die allgemeine Auswirkung von *Apollo 13* auf die politische Entwicklung der Raumstation 1995 lassen sich zwar nicht direkt beziffern, aber sie dürfen auch nicht unterbewertet werden. (Die NASA war sehr erfreut über die Wirkung des Films, wenn sie sich auch wunderte, warum ein Schauspieler, der einen Astronauten spielt, mehr Eindruck beim Kongreß zu machen schien als wirkliche Astronauten.)

Mit einem zweifachen Oscar-Preisträger auf ihrer Seite waren die Raumstationslobbyisten der NASA im Aufwind. Ein Antrag im Kongreß, das Projekt zu streichen, schlug mit 287 zu 132 Stimmen fehl. Bedenkt man, daß

FESTE VERBINDUNG.
Eine Weitwinkelaufnahme der Mir von der Ladebucht der *Atlantis* aus während der dritten Ankopplung im März 1996. Der orangefarbene Adapter bleibt mit der Mir verbunden.

nur 2 Jahre zuvor die Station mit einer einzigen Stimme Mehrheit vor dem Untergang bewahrt worden war, so war dies wirklich ein Fortschritt. Am 28. September 1995 unterstützte schließlich der Kongreß einen Gesetzesentwurf zur Befürwortung der Raumstation, der von dem republikanischen Abgeordneten Bob Walker mit Unterstützung beider Seiten des Hauses eingebracht worden war. Goldin hatte die Politiker gewarnt: »Unsere internationalen Partner erhalten ständig unterschiedliche Botschaften von uns. Wir müssen ihnen nochmals zusichern, daß es Amerika ernst ist mit der Raumstation.« Außerdem wünschte er auch die Zusicherung einer langfristigen Finanzierung für Alpha in Höhe von jährlich 2,1 Milliarden Dollar bis zum Jahr 2002, wo ursprünglich das letzte Stationselement an seinem Platz sein sollte. Die Jahr für Jahr wiederkehrenden, endlosen Querelen über den Haushalt seien konterproduktiv und kostspielig. Goldins Befürworter stimmten zu. Das »Gesetz zur mehrjährigen Genehmigung« wurde ohne Gegenstimmen angenommen. Tatsächlich wurde nicht einmal eine formale Auszählung der Stimmen für nötig befunden. Das Ergebnis wurde als einstimmiges Votum, abgegeben im Sitzungssaal des Repräsentantenhauses, für einen Beitrag Amerikas zur internationalen Raumstation verzeichnet. Amerikas Politik ist allerdings so komplex, daß noch nicht einmal diese Abstimmung eine stabile Finanzierung in der Zukunft garantiert. Aber es wäre jetzt sehr schwer für den Kongreß, sein Versprechen nicht zu halten.

Gerade als die NASA ihren Sieg in der Heimat feierte, wurde ihr klar, daß es noch eine wichtige Hürde zu nehmen galt. Wollten sich die Europäer, die Japaner und die Kanadier nach all diesen Jahren der Frustration überhaupt noch an dem Spiel beteiligen? Wenn nicht, dann war der ganze Handel vom Tisch. Dan Goldin mußte noch eine weitere große Abstimmung überstehen, weit jenseits des Atlantik.

DIE LEIDEN DER ESA

Am 18. Oktober 1995, nur ein paar Tage nach der Abstimmung im amerikanischen Kongreß, traf sich der 14-köpfige Ministerrat der ESA in der französischen Stadt Toulouse. Das anstehende Problem war recht einfach zu formulieren: Würden sie ihre Beiträge zur Raumstation fortsetzen oder nicht?

Ganz abgesehen von Amerikas Unberechenbarkeit als Partner und den Verwirrungen, die durch die Beteiligung der Russen hervorgerufen wurden, hatte die ESA ihre eigenen Schwierigkeiten zu lösen. Italien hatte ernste Haushaltsprobleme und befürchtete, seine Beiträge zum gemeinsamen europäischen Weltraumengagement würden nicht ausreichend in Form von Verträgen für seine heimischen Luft- und Raumfahrtunternehmen anerkannt. Es würde dem Raumstationsmodul Columbus und weiteren damit zusammenhängenden Geräten nur zustimmen, wenn es einige der größeren Komponenten bauen dürfe. Frankreich wurde beschuldigt, sich mit dem Bezahlen zuviel Zeit zu lassen, und meinte, man verlange von ihm mehr als seinen fairen Anteil an der Raumstation. Deutschland war darauf bedacht, eine bedeutendere Rolle zu spielen. England wollte eine generelle Senkung der ESA-Ausgaben. Bemühungen, ein unabhängiges Rettungsraumschiff (»Assured Crew Rescue Vehicle«, ACRV) zu entwickeln, hatten zu nichts geführt, und die neue Ariane-V-Superrakete benötigte mehr Gelder. Frankreichs Bürger unterstützten offenbar die Idee einer Raumstation, seine Politiker aber nicht; die deutschen Politiker dagegen waren erpicht auf die Raumstation, hatten aber dafür nicht das Mandat des Volkes.

Die Mitgliedstaaten der ESA zogen in verschiedene Richtungen, teilweise wegen der enormen Belastungen, die ihnen durch die teure und bislang ungelöste Raumstations-

frage auferlegt wurden. So erwies sich eine plötzlich von Rußland gebotene billige, bereits betriebsbereite Alternative als verführerisch. Frankreich hatte ein Abkommen geschlossen, seine eigenen Astronauten zur Mir zu entsenden, und drohte, sich ganz aus dem Columbus-Programm zurückzuziehen. Inzwischen hatte Deutschland einen Satellitenstart auf einer chinesischen Trägerrakete statt auf der Ariane gebucht. (Chinesische Raketen stellten sich jedoch als explosiv unzuverlässig heraus eine schlechte Investition.) Nach einigen Jahren intensiver Entwicklungsarbeiten war die zu Columbus gehörende »Freifliegende Plattform« wegen fehlender Gelder aufgegeben worden, ebenso die Hermes-Raumfähre. Das bewohnbare Columbus-Hauptmodul, das an die Raumstation angebaut werden soll, war auf etwa die halbe ursprünglich vorgesehene Größe geschrumpft. Zahlreiche Programme Europas standen unter Druck, und ein politischer und finanzieller Konsens war in diesem späten Stadium absolut überlebenswichtig. Jetzt wo Rußland an Bord und der Kongreß gezähmt war, war das letzte, was Dan Goldin gebrauchen konnte, daß ihn die ESA in letzter Minute im Stich ließ.
Die positiven Nachrichten aus Amerika, die luxuriöse Umgebung des aus dem 17. Jahrhundert stammenden Rathauses von Toulouse sowie reichlich gutes französisches Essen und Wein schufen schließlich eine entsprechende Stimmung, so daß das Treffen sehr viel produktiver war, als die Europäer zu hoffen gewagt hatten. Die ESA-Chefs baten die Mitgliedsstaaten inständig, die Stellung zu halten. Das drohende Gespenst einer europäischen Demütigung vor Amerika und Rußland erwies sich als zu furchterregend, so daß das Columbus-Hauptmodul schließlich bewilligt wurde. Außerdem wurde die Entwicklung eines »Automatischen Transportfahrzeugs« beschlossen, einer Frachtkapsel zum Transport von Vorräten ähnlich der russischen Progress-Fähre, die mit der neugebauten Ariane V gestartet werden sollte. Die Lieferverträge wurden gerecht verteilt, und man nahm das bemannte Forschungsprogramm in Form bescheidener Studien zu einem Rettungsraumschiff wieder auf, mit dem beruhigenden Wissen, daß Sojus-Schiffe notfalls einspringen würden, so daß die ESA genügend Zeit hatte, ihre eigenen Fahrzeuge zu entwickeln. Selbst England wurde von der Stimmung des wiederauflebenden Optimismus ergriffen: Es zog seine Forderung nach einer 25-prozentigen Kürzung der Ausgaben für die Weltraumforschung zurück und bot 2 Prozent für die Fortsetzung der Entwicklung der neuen Ariane V.
James Beggs' Glücksspiel hatte sich letztendlich ausgezahlt.

RUSSISCHES ROULETTE

Im Oktober 1995 verkündete die angesehene Luft- und Raumfahrtzeitschrift *Flight International* all diese Übereinkünfte lauthals in fetten Schlagzeilen: »Finanzierung der Raumstation passiert wichtigen Meilenstein« und »Europäer beenden Streit um Raumstation«. Im Dezember 1995 schienen die Nachrichten weniger ermutigend: »NASA besorgt über Rußlands Engagement. Raumstation steht vor einer neuen Krise«. Damals schien das Auseinanderbrechen der Allianz zwischen NASA und RSA drohend am Horizont zu hängen wie ein aufziehendes Gewitter. Noch viele Monate danach erweckten die Schreckensgeschichten den Eindruck, daß Rußland ein wackliger Verbündeter sei. Die Wahrheit war jedoch subtiler.
Oberflächlich betrachtet, machte sich die RSA zu Recht einige Sorgen. Die NASA hatte sich einverstanden erklärt, für 7 Ankopplungen an die Mir 400 Millionen Dollar zu zahlen. Darin einbegriffen war auch die Nutzung zweier zusätzlicher Module, Spektr und Priroda, die mit amerikanischen Experimenten vollgepackt waren und schließlich 1995 und 1996 – zwar mit Verspätung aber immerhin – mit unbemannten Proton-

Trägerraketen gestartet wurden. Aber die 1993 geschlossenen Übereinkünfte sahen ziemlich einseitig aus, wobei Amerika langfristig mehr Vorteile hatte als Rußland. Nationalistische Politiker in Moskau waren vom Nutzen des Abkommens nicht überzeugt. Außerdem gab es seitens des Militärs Einwände gegen die neue Raumstation, die exakt den traditionellen Widerstand des amerikanischen Verteidigungsministeriums gegenüber einer ausländischen Beteiligung an NASA-Plänen widerspiegelten.

Die RSA fühlte sich gedrängt, die Mir nach 1997, wenn die ersten Module der Internationalen Raumstation ursprünglich gestartet werden sollten, *nicht* zu verschrotten. Obwohl sie langsam alt wurde, hatte die Mir noch gut ein paar Jahre vor sich, und die Module, die für amerikanische Gastastronauten geliefert worden waren, waren so gut wie neu. Es schien unsinnig, sie aufzugeben.

Ganz abgesehen vom FGB (dem Funktionellen Frachtblock), der von Boeing im Auftrag der NASA gekauft werden sollte, stand bereits ein brandneues Raumfahrzeug in der Chrunitschew-Fertigungsanlage in Baikonur bereit und wartete auf seinen Flug als Kernmodul für den Nachfolger von Mir. Aber nun hatte Rußland kaum eine Chance, diese Mir der zweiten Generation zu starten. Als Ergänzung der Übereinkünfte vom September 1993 war beschlossen worden, diese fabrikneue Hardware als »Service-Modul« für die neue Raumstation umzubauen, das ein anfängliches Lebenserhaltungssystem stellen und zunächst als Wohnbereich für die Mannschaft dienen soll, komplett mit Dusche und Toilette. Dies würde den Hauptbeitrag Rußlands zur Hardware darstellen. Während der FGB von Amerika bezahlt wird, müßten die Russen das Service-Modul selbst finanzieren, so wie auch die ESA und Japan ihre bewohnbaren Module selbst finanzieren.

Im Dezember 1995 warnten russische Weltraumbeamte plötzlich die NASA, daß ihr FGB-Frachtblock für die neue Raumstation nicht rechtzeitig geliefert werden könne. Da der FGB nun absolut entscheidend für den gesamten Zeitplan der NASA war, war dies ein Schock. Dann schlug die RSA seelenruhig einen neuen Handel vor. Statt des neuen Service-Moduls sollte die Mir selbst das Kernstück der Internationalen Raumstation bilden. Die ganze Vorstellung war erschreckend. Rußlands Plan würde eine weitere kostspielige Konstruktionsänderung nach sich ziehen. Die ganze Unterstützung des Kongresses, für die die NASA so lang und so schwer gekämpft hatte, konnte mit einem Schlag zunichte gemacht werden, und überhaupt entsprach dies nicht dem Abkommen, dem die RSA damals 1993 zugestimmt hatte. Boeing hatte bereits einen Vertrag mit Chrunitschew für einen fabrikneuen FGB unterzeichnet. Sie wollten nichts Gebrauchtes, das 10 Jahre alt war. Eilig wurden Treffen arrangiert, in denen die NASA den Russen mitteilte, daß eine Neuverhandlung ihres ursprünglichen Abkommens nicht in Frage kam.

Allmählich begannen amerikanische Politiker gemischte Botschaften vom politischen Establishment Rußlands zu empfangen. Während die RSA-Unterhändler unablässig die NASA mit furchterregenden Geschichten plagten, besuchten zwei republikanische Kongreßabgeordnete, James Sensenbrenner und Jerry Lewis, im Januar 1996

**RAUMSTATION:
DIE ENDGÜLTIGE VERSION?**

Breite	**110 m**
Länge	**88 m**
Gewicht	**462 t**
Höhe	**335 km**
Bahnneigung	**51,6 Grad**
Besatzung	**vorübergehend drei, dann sechs**

HAUPTKOMPONENTEN

1	*Sonnenzellenflächen*
2	*Radiator zur Temperaturkontrolle*
3	*russisches Forschungsmodul*
4	*Verbindungsknoten 1*
5	*Andock- und Laderaummodul*
6	*in Amerika gebautes Wohnmodul*
7	*Sojus-Raumschiff zum Transport von Besatzungen*
8	*Verbindungsknoten 2*
9	*japanisches Logistikmodul*
10	*japanisches Experimentenmodul*
11	*japanische Einrichtung für Experimente im freien Weltraum*
12	*amerikanischer Raumfähren-Orbiter*
13	*photovoltaische (PV-)Flächen*
14	*Versorgungsmodul*
15	*in Rußland gebautes Servicemodul*
16	*Kreisel zur Lagesteuerung*
17	*Hilfstriebwerke*
18	*in Rußland gebauter FGB*
19	*zentrales Gitterelement und Kreisel*
20	*amerikanisches Labormodul*
21	*Zentrifugenmodul*
22	*kanadischer ferngesteuerter Greifarm (Manipulator)*
23	*vorgefertigte Gitterelemente*
24	*Columbus-Modul der ESA*
25	*Platz für externe Experimente*
26	*Drehgelenke für PV-Flächen*

1
2
3
4
5
6
7
8
9
10
11
12
13
14
15
16
17
18
19
20
21
22
23
24
25
26
NASDA

ZEITPLAN FÜR DEN ZUSAMMENBAU

Vom Start des ersten betriebsbereiten Elements der Raumstation im Juni 1998 bis zur geplanten Fertigstellung Mitte 2003 werden RSA und NASA insgesamt mindestens 38 Flüge durchführen müssen, um alle Komponenten in die Umlaufbahn zu bringen. Nach den derzeitigen Plänen werden NASA-Shuttles 28 Montagemissionen fliegen, während die Proton-Raketen der RSA 10 Starts beitragen. Zusätzlich wird Rußland mit etwas kleineren Trägerraketen möglicherweise über 20 Sojus-Raumschiffe und Progress-Transportfähren hinaufschicken, etwa 5 pro Jahr. Das japanische Wissenschaftsmodul soll Mitte 2001 mit einem NASA-Shuttle transportiert werden. Ursprünglich war geplant, daß die ESA 2002 mit ihrer eigenen Trägerrakete Ariane V das Columbus-Labormodul startet. Aber vielleicht akzeptieren die Europäer auch als Gegenleistung für ihre Hilfe bei einigen NASA-Elementen einen Raumfährenflug. Die Montageflüge werden eine Vielzahl an Ausrüstungsgegenständen hinaufbringen: Navigationskreisel, Solarzellen, Experimentenpaletten für innen und außen, Gitterbalkenelemente, Batterien, Luftschleusen, Robotergreifarme und Andockstutzen. Wichtige Etappenziele hängen von der Lieferung der folgenden großen Komponenten ab:

Datum	Behörde	Nutzlast	Zweck
Juni 1998	RSA	FGB	*Funktioneller Frachtblock, liefert vorübergehend Strom, Andockmöglichkeiten und Antriebsenergie, übernimmt die Lageregelung*
Juli 1998	NASA	NODE 1	*erstes US-Element unter Atmosphärendruck, enthält Schnittstelle für russische Hardware sowie eine Shuttle-Andockstelle*
Dez. 1998	RSA	SERVICE-MODUL	*erstes Lebenserhaltungssystem plus Andockstutzen für Progress-Fähren*
Jan. 1999	RSA	SOJUS	*Rettungsschiff für eine vorläufige dreiköpfige Besatzung*
März 1999	NASA	SOLAR-ZELLEN	*erste Solarzellenfläche, vorübergehend oberhalb von NODE 1 installiert*
Mai 1999	NASA	US LAB	*amerikanisches Hauptwissenschaftsmodul, unter Atmosphärendruck stehend*
Juni 1999	NASA	RMS	*kanadischer ferngesteuerter Greifarm, eingesetzt bei der Wartung der Station*
2000	NASA	LUFT-SCHLEUSE	*gemeinsam genutzte Möglichkeit für Ausstiegsmanöver russischer und amerikanischer Astronauten mit gleichen Raumanzügen*
2001	NASA	JEM	*japanisches Experimentalmodul*
2001	NASA	ZENTRIFUGE	*wissenschaftliches Gerät, simuliert verschiedene Gravitationsbedingungen*
2002	ESA	APM	*unter Atmosphärendruck stehendes Columbus-Modul*
2002	NASA	SOLAR-ZELLEN	*endgültige Solarzellenflächen, montiert an ihren endgültigen Positionen*
2002	NASA	US HAB	*Wohnmodul für gesamte Besatzung*
2003	RSA	LEBENSER-HALTUNGS-MODUL	*Sauerstoffregenerierung und andere Systeme*
2003	RSA	SOJUS	*zweites Rettungssystem, ermöglicht einer vollständigen sechsköpfigen Besatzung, an Bord der Station zu bleiben*

Moskau und suchten die Klärung dieser Probleme durch höhere russische Politiker. Man sagte ihnen, es gäbe keine Probleme. Die Raumstationskomponenten der RSA würden fristgerecht geliefert, wie abgemacht. Machen Sie sich bitte keine Sorgen, sagten die Politiker. Etwas verwirrt, fuhren Sensenbrenner und Lewis wieder nach Hause. Und dann begriffen sie langsam, was geschehen war. Wie einer ihrer Assistenten später erklärte: »Die RSA erhielt nicht soviel politische Unterstützung in ihrem eigenen Land, wie sie gern gehabt hätte, und deshalb kamen sie hierher, erschreckten uns zu Tode und brachten uns so dazu, Druck auf den Kreml auszuüben.« Genauso wie Beggs das amerikanische Prestige im Ausland genutzt hatte, um den Kongreß zu beeinflussen, so stärkte die RSA schwindende politische und finanzielle Unterstützung zu Hause, indem sie wirkungsvoll drohte, ihre eigene Regierung in Verlegenheit zu bringen. Präsident Jelzin und seine Kollegen hatten nicht vor, Abkommen zu brechen, die Millionen Dollar in ihr Land brachten, und die RSA nutzte dies aus.

Ende Januar 1996 lag ein neues Abkommen auf dem Tisch, eines, das recht vernünftig erschien. Im Gegenzug zur fortgesetzten Beteiligung der RSA an der Raumstation würden NASA-Raumfähren einen Teil der Versorgungsflüge zur gegenwärtigen Mir übernehmen und damit Proton-Raketen für andere Aufgaben freistellen. Zusätzlich wurden 6 Starts zur Montage der Raumstation von der Flugliste der RSA gestrichen. Statt dessen würden die entsprechenden Einzelnutzlasten wie Solarzellenflächen und andere Ausrüstungsgegenstände mit Raumfähren hinaufgebracht werden. Die NASA konnte sich das teilweise dadurch leisten, indem sie ihre Liste zukünftiger Starts neu organisierte. Aber dennoch hatte sie einige wichtige Zugeständnisse gemacht. Auf merkwürdige Weise war dies eine ermutigende Entwicklung, die bewies, daß die RSA gelernt hatte, wie man das Spiel der Weltraumpolitik spielt – und gewinnt. Die NASA schien über die Rettung der Allianz so erleichtert, daß sie kaum wahrnahm, wieviel sie an Boden verloren hatte.

Das erste Teil des orbitalen Puzzles, der russische FGB, sollte im November 1997 mit einer Proton-Rakete gestartet werden. Doch im Sommer 1997 wurde klar, daß die russischen Konstrukteure mindestens 8 Monate im Verzug waren. Ihnen war das Geld für Material und Gehälter ausgegangen. Der FGB stand zwar fertig bereit, aber das Service-Modul war kaum mehr als eine leere Hülle.

Die NASA schlug daraufhin einen kurzfristigen Ersatz für das verzögerte russische Modul vor, das sogenannte »Interim-Kontrollmodul«, eine Energieversorgungseinheit, die in großer Eile für 100 Millionen Dollar aus dem Antriebssystem eines großen CIA-Spionagesatelliten umgebaut werden soll. Dieses Geld – eine relativ kleine Summe – müßte von anderen NASA-Budgets abgezogen werden. Durch eine derartige technische Flickschusterei ließe sich zwar der Zeitplan für den Bau der Raumstation einigermaßen einhalten, aber die Mannschaftseinrichtungen würden leicht reduziert, zumindest bis die Russen alle ihre Module fertigstellen.

Möglicherweise könnte Amerika der RSA bis 2003 aushelfen, als diplomatische und strategische Geste, obwohl damit Goldins Hoffnungen schwänden, einen Teil der Kosten der Station mit Rußland teilen zu können. Im Juni 1997 änderte jedoch der amerikanische Kongreß die bewilligte Finanzierung des NASA-Beitrags zur Raumstation dahingehend ab, daß diese an Bedingungen gebunden ist. Dies kann bedeuten, daß kein weiteres Geld für notleidende russische Hersteller abgezweigt wird. Aber Goldin wird dieses Versprechen vielleicht nicht halten können.

Der erfolgreiche Start des FGB im Juni 1998 wird sicherlich ein entscheidender psychologischer und politischer Meilenstein sein, ein Punkt, an dem es kein Zurück mehr gibt. Von dem Augenblick an wird es eine Raumstation geben, und sie wird durch nachfolgende Starts von Raumfähren und Frachtraketen weiter ausgebaut werden.

Wer sich über den aktuellen Stand beim Bau der Internationalen Raumstation erkundigen möchte, erhält im Internet unter folgender Web-Adresse Auskunft: http://station.nasa.gov

NASA

MITEINANDER AUSKOMMEN. Juni 1995: Norman Thagard während seines dreimonatigen Aufenthalts an Bord der russischen Mir, mit Gennadij Strekalow (rechts). Thagard war an Bord der Mir willkommen, aber gelegentlich fühlte er sich kulturell isoliert.

DER MENSCHLICHE FAKTOR

Nachdem so viele politische und technische Probleme gelöst waren, mußten sich die Planer der Raumstation mit dem unberechenbaren menschlichen Element auseinandersetzen. An Bord der neuen Station werden sich Besatzungsmitglieder aus verschiedenen Kulturen über lange Zeiträume und unter schwierigen Bedingungen gegenseitig ertragen müssen

KEIN SPAZIERGANG IM PARK. »Weltraumspaziergänge« sehen für den ungeübten Beobachter entspannend aus, aber Astronauten können sie als strapaziös und schmerzhaft empfinden.

DER MENSCHLICHE FAKTOR

EINE UNFÖRMIGE HÜLLE. Weltraumanzüge werden steif, wenn sie mit Luft aufgeblasen werden, wie teure Ballontiere. Dreh- oder Blasebalggelenke »mit konstantem Volumen« an den Handgelenken, Ellbogen, Schultern und Knien, die weder ihre Form verändern noch ihre Flexibilität verlieren, wenn der Anzug druckbelüftet wird, sorgen zwar dafür, daß der Träger einen gewissen Grad an Beweglichkeit hat, aber feine Bewegungen sind schwierig. Das Foto zeigt ein typisches Design eines Raumfährenanzugs von 1988, ohne die täuschend flexibel aussehende weiße thermische und Mikrometeoritenschutzhülle. Handschuhe waren immer ein Problem. Sie müssen flexibel sein für feinmotorische Arbeiten, aber sie sind auch der Teil des Anzugs, bei dem die Gefahr einer Durchlöcherung am größten ist, so daß sie auch sehr fest sein müssen. Ein Astronaut kann deshalb Blasen an die Finger bekommen, und die Anstrengung, die nötig ist, um einfach nur die Finger des Handschuhs zu beugen, kann die Hände schlaff und taub werden lassen. Die Astronautin Kathy Thornton verglich einst das Arbeiten bei Weltraumspaziergängen (»Extra-Vehicular Activity«, EVA) mit dem »Reparieren eines Automotors mit Boxhandschuhen an den Händen«.

Die amerikanischen Raumstationsingenieure sind sehr zuversichtlich, daß ihre Maschinerie funktionieren wird. Die meisten der kritischen Montagetechniken, vom Schweißen der Module am Boden bis hin zu ihrem Zusammenbau in der Umlaufbahn, fallen in ihren gesicherten Erfahrungsbereich. Erst wenn die Station oben und in Betrieb ist, mit Menschen an Bord, wird die NASA wirklich an die Grenzen ihrer Erfahrung stoßen. Ihr praktisches Wissen über Leben und Arbeiten in einer Raumstation beruht größtenteils auf dem Skylab-Programm, das 1974 zu Ende ging. Aber die damals gelernten Lektionen haben durch die lange Zeit keineswegs an Bedeutung verloren.

Zwei Skylab-Veteranen, Jerry Carr und Bill Pogue, sind heute bei Boeing als Berater angestellt. In fortgeschrittenem mittlerem Alter sind sie noch immer in guter Verfassung und fit genug, um in Raumanzüge zu steigen und im riesigen Wassertank am Marshall-Raumflugzentrum Verhaltensweisen in der Raumstation zu üben. Nach mehr als einem Vierteljahrhundert sind ihnen die positiven Seiten des Lebens an Bord von Skylab noch lebhaft in Erinnerung – wie auch die zahllosen Irritationen. Sie beanspruchen ein spezielles akademisches Fachgebiet als ihr eigenes: Wie man eine Raumstation *nicht* bauen sollte.

Pogue und Carr bildeten zusammen mit Ed Gibson die dritte und letzte Skylab-Mannschaft. Als sie im November 1973 für einen 84-tägigen Aufenthalt an Bord kletterten, waren die Erwartungen hochgesteckt. Die beiden vorherigen Mannschaften hatten gute Arbeit geleistet, die beschädigte Station repariert und sich in ein intensives Arbeitsprogramm gestürzt. Aber die dritte Mannschaft hatte am Tag eins keinen guten Start. Pogue übergab sich beinahe sofort, als er den höhlenartigen – und schwerelosen – Arbeitsraum der Station betrat. Nicht gewillt, ihn bloßzustellen, sagte Missionskommandant Carr: »Wir werden das nicht erwähnen. Wir werfen den Dreck einfach aus der Müll-Luke.« Aber später erteilte die Bodenkontrolle der Mannschaft einen Verweis. Die privaten Unterhaltungen wurden genauso vollständig aufgezeichnet wie die im Weißen Haus Nixons.

Es folgten einige Wochen immer wiederkehrender Spannungen. Die beiden ersten Skylab-Mannschaften hatten ein schnelles Tempo bei der Arbeit vorgelegt. Die dritte Besatzung fühlte sich zu sehr angetrieben. Die Bodenkontrolle der NASA versuchte, die endlosen Bitten von Wissenschaftlern miteinzuplanen, die Instruktionen an Skylab übermittelt haben wollten. Die Bitten wurden unten am Boden säuberlich tabellarisiert, organisiert, *verwaltet*. Es war etwas ganz anderes, wenn Carr, Gibbson und Pogue tatsächlich versuchten, die Bitten auszuführen. Die allgemeine Reaktion der Astronauten war: »Wenn ihr da unten glaubt, ihr wärt so verdammt klug, dann versucht es mal, hier auf Skylab zu machen.« Die allgemeine Ausstattung von Skylab trug nicht gerade dazu bei, die Frustrationen der Mannschaft zu lindern. Die Ingenieure hatten Böden, Decken und Wände genutzt, um Ausrüstung, Armaturenbretter und Lagerschränke daran anzubringen, damit jede verfügbare Fläche des Innenraums voll ausgenutzt werden konnte. Das Entfernungsgefühl der Mannschaft wurde verfälscht, weil der Horizont, der uns in unserem täglichen Leben zur Orientierung dient, in einem Teil ihrer abgeschlossenen Arbeitsbereiche nicht zu erkennen war. Hinzu kam, daß die gewohnten Unterschiede in der Beleuchtung – heller über unseren Köpfen, dunkler zu unseren Füßen – auf Skylab durch eine schlechte Plazierung von Lampenanschlüssen aufgehoben wurden, die manchmal an der Decke und manchmal an den Wänden angebracht waren. Infolgedessen wußten die Astronauten kaum vom einen Augenblick zum nächsten, wie herum sie orientiert waren. »Wir brauchen wirklich ein besseres Gefühl für oben und unten mit einer zweckmäßigen Unterscheidung zwischen Boden und Decke«, regte Pogue sich auf. Auch die Dekoration gefiel ihnen nicht. »Die Farbgebung hier drin ist ohne Phantasie entworfen worden. Alles, was wir haben, sind etwa zwei Brauntöne; mehr gibt's nicht in dem ganzen verdammten Raumschiff«, klagte Gibson. Die sorgfältig getestete feuerfeste Kleidung der Mannschaft war ebenso langweilig wie die Farben der Wände und fühlte sich steif und kratzig an. Sie sehnten sich nach schlabberigen T-Shirts und einer zwangloseren, bequemeren Kluft.

Dies waren noch längst nicht alle Schattenseiten von Skylab. Die Benutzung des Waschraums war unangenehm. Der metallene Boden war als hygienische, leicht zu reinigende Oberfläche entworfen worden; er bot keinen festen Halt für die Füße, und wenn sie sich wuschen, rutschten die Astronauten in dem Raum herum wie Sardinen in einer Dose. Sich gründlich zu waschen dauerte nicht Minuten, sondern Stunden, weil die Tröpfchen, die von der Plastikduschumhüllung wegspritzten, eingefangen und aufgewischt werden mußten, bevor sie in irgendeine elektrische Anlage eindringen und sie kurzschließen konnten. Diese Stunden gingen gewöhnlich von der kostbaren Freizeit ab. Wie Carr verbittert scherzte: »Freizeitaktivitäten? Ihr wollt mich wohl auf den Arm nehmen?! Hier oben gibt's so etwas nicht. An einem freien Tag ist der einzige Unterschied, daß man duschen muß.« Der Rasierspiegel war aus mattem Metall, um das Risiko einer Verletzung durch zerbrochenes Glas auszuschließen. Die Mannschaft konnte nie ihre eigenen Gesichter richtig betrachten, eine scheinbar kleine Unannehmlichkeit, die sich aber doch mit der Zeit als merkwürdig beunruhigend erwies.

Und da war noch mehr. Das Numerierungssystem der Schließfächer war völlig sinnlos, so daß die Mannschaft nie wichtige Werkzeuge oder, was das betrifft, überhaupt irgend etwas finden konnte. Wenn sie schließlich das richtige Fach

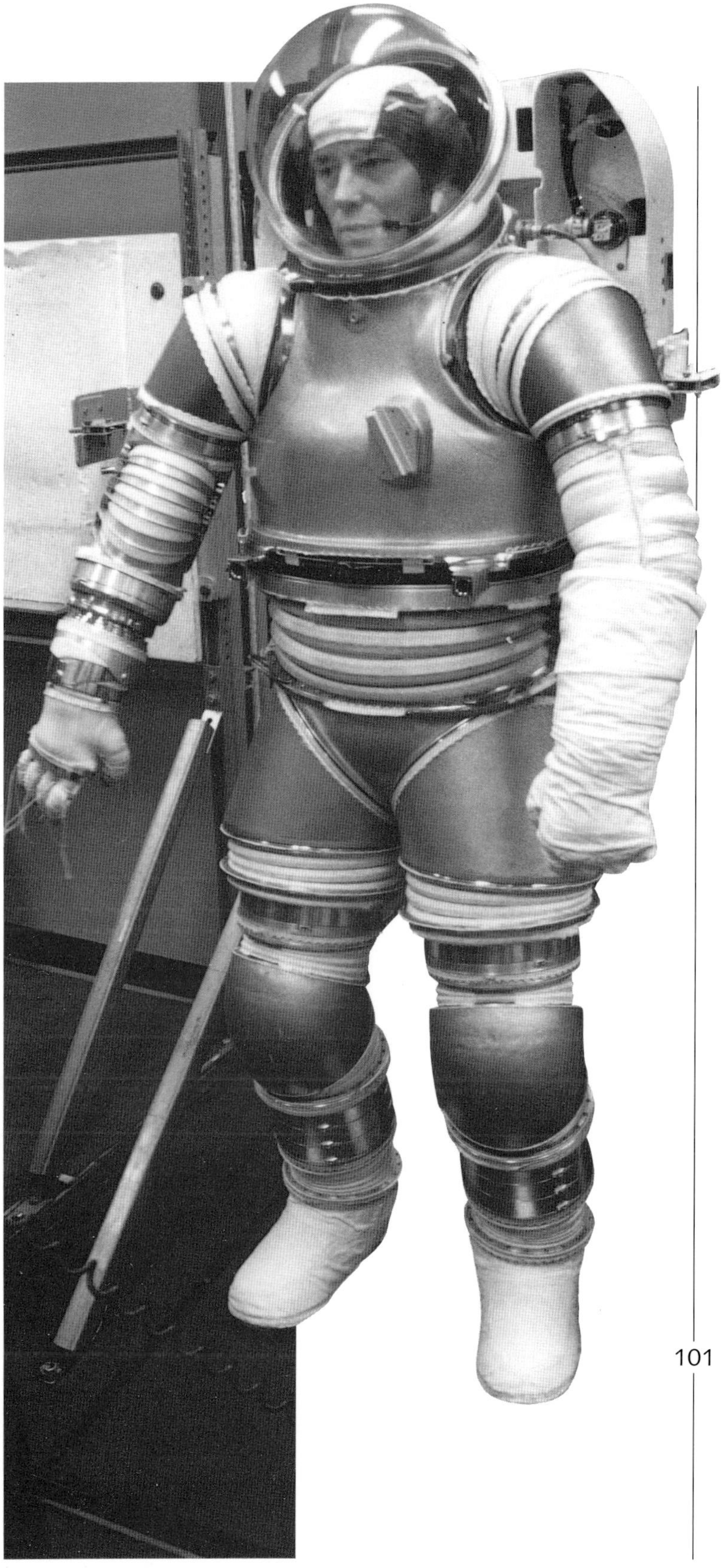

NICHT WIE ZU HAUSE.
Das 3,05 m breite Andock- und Ausrüstungsmodul auf Skylab war der am wenigsten zufriedenstellende Arbeitsbereich, ohne Sinn für oben und unten und mit scharfkantigen Ausrüstungskisten, die aus jeder verfügbaren Oberfläche herausragten. Das große, graue Schaltpult links auf diesem Bild enthielt die Steuerungen der Lageregeldüsen, Skalen zum Ablesen der Kreisel und Bildschirme für das Sonnenteleskop. Die Mannschaft hätte sich eine freundlichere Arbeitsumgebung gewünscht. Aber Skylab war zumindest *groß*. Das Diagramm der neuen Raumstation im Vergleich zur Mir (rechts) zeigt, daß sie trotz ihrer Größe hauptsächlich aus Aufbauten besteht. Die Arbeits- und Wohnmodule werden noch immer recht beengt sein.

gefunden hatten, schwebte alles heraus, sobald die Klappe geöffnet wurde, und dann mußten all diese albernen kleinen Gegenstände, die sie gerade jetzt nicht brauchten – Stifte, Schraubenzieher, Kleider, Notizblöcke, Filmpatronen – wieder eingesammelt und in das Fach zurück gestopft werden. Bald füllte sich die Station mit umherfliegendem Kram, und die Mannschaft mußte aufpassen, daß sie sich nicht selbst erstickte, indem sie irgend etwas einatmete: eine verlorene Schraube vielleicht oder einen verirrten Fetzen Papier.

Das beste war, ein paar Stunden zu warten, bis all der lose Kram schließlich vom sanften Sog der Klimaanlage eingefangen wurde. Die Ansaugöffnungen mußten dann sorgfältig gereinigt werden, indem Staub und verirrte Essenskrümel mit einem kleinen Staubsauger von den Rosten entfernt wurden. Das führte dann zu einem Streit mit der Bodenkontrolle, weil die nutzlosen Manager dort unten diese unvorhergesehene, aber wichtige Aufgabe nicht im vollen Terminplan der Astronauten miteingeplant hatten. Unbedeutende, kleine Ärgernisse wie diese konnten das Leben auf Skylab zuweilen unerträglich machen und auch zu Ineffizienz führen. Einmal kämpfte Bill Pogue mit einem wissenschaftlichen Experimentenpaket: »Wir können einfach keine professionelle Arbeit leisten. Ich hab's nicht gern, in eine Lage gebracht zu werden, wo ich irgend jemandes teure Ausrüstung nehme und wild um mich schlage, weil ich versuche, sie in unzureichender Zeit zum Laufen zu bringen!«

Am schlimmsten war, daß die Mannschaft wegen des dicht gedrängten Arbeitsplans die eigentliche Erfahrung, im Weltraum zu sein, nicht richtig würdigen konnte – das, weswegen sie ursprünglich überhaupt Astronauten geworden waren. Jede freie Minute

drängten sie sich um das einzige kleine Fenster von Skylab und starrten mit kindlicher Faszination auf ihre Heimatwelt, die sie wie nur wenige Menschen vor oder nach ihnen gesehen haben.

Von den Frustrationen abgesehen, leisteten Pogue, Gibson und Carr Erstaunliches und fanden eine Menge professionelle Befriedigung in ihrem 84-tägigen Flug. Wohl wissend, daß dies für jeden bei der NASA noch immer eine sehr neue Erfahrung war, sah man die gelegentlichen Beschwerden als wertvolle Lernhilfen an, sowohl damals als auch heute. Skylabs Ingenieure erkannten schnell, daß ihre Entwürfe zwar der

Herausforderung, all die komplexen Instrumente an Bord unterzubringen, hervorragend gerecht wurden, daß es ihnen aber bei weitem nicht gelungen war, ein geeignetes Heim im Weltraum zu schaffen, in dem sich gut wohnen ließ. Heute sind Boeing und die anderen Zulieferer sehr darauf bedacht, nicht dieselben Fehler zu begehen. Aber ganz gleich, wie viele ausgeklügelte psychologische und ergonomische Theorien sie auf diese Probleme auch anwenden, einige Aspekte des Design sind nichts weiter als eine Frage des persönlichen Geschmacks. 1991 beschlossen Berater der NASA irgendwie, daß Rosa eine beruhigende Farbe sei, die sich für die Wohnquartiere der Station gut eigne. Shuttle-Astronaut Joe Allen verwarf diesen Gedanken: »Ich wohne nicht in einem rosa Haus. Warum sollte mir dann ein rosa Raumschiff gefallen?«

NEU UND VERBESSERT

In Erinnerung an Skylab wird die neue Raumstation nicht so kopfüber kopfunter gestaltet sein. Die Farbgebung wird heller und freundlicher sein, mit einer inneren Vorzugsrichtung für »oben« und »unten«. Die Decken werden röhrenförmige Lampen enthalten, während die Böden zur besseren Unterscheidung eine dunkle Täfelung bekommen. Luftschleusen und Luken werden mit »oben« und »unten« gekennzeichnet. Die allgemeine Inneneinrichtung wird nicht so unübersichtlich sein wie in der Vergangenheit: Unhandliche Ausrüstungskisten werden säuberlich hinter einer relativ glatten Fassade aus aufklappbaren Paneelen verstaut. Die Mannschaften werden sich zügig durch die Station bewegen können, ohne sich die Schienbeine an vorstehenden scharfen Kanten anzustoßen.

Ein Großteil der Arbeit der Skylab-Besatzungen bestand im Gebrauch und – ebenso häufig – der Reparatur komplizierter Geräte. Auf der neuen Station wird die gesamte wissenschaftliche und betriebliche Ausrüstung auf schwenkbaren Gestellen gelagert, so daß Geräte hinter den Frontplatten bei der Wartung leicht zugänglich sind, ohne daß zahllose Schrauben geöffnet werden müssen. Gestelle mit überflüssiger Ausrüstung können leicht durch neue Gestelle ersetzt werden, die in einer Raumfähre hinaufgebracht werden. Bei der Reparatur von empfindlicheren Ausrüstungsstücken können die Astronauten eine spezielle Werkbank benutzen, an der ein sanfter, nach unten gegen ein feines Sieb gerichteter Luftstrom verhindert, daß kleine Objekte davonfliegen. Lagerschränke für all die Ersatzteile und Versorgungsgeräte werden sinnvoll und deutlich gekennzeichnet und der Inhalt sicher befestigt, so daß nicht jedesmal alles herausschwebt, wenn die Schränke geöffnet werden.

Eins nach dem anderen wurden die von Carr und Pogue aufgezählten potentiell gefährlichen Ärgernisse aufgespürt und beseitigt. Die praktischen Schwierigkeiten des Lebens im Weltraum werden durch die ungewohnte Umgebung in einem erschreckenden Maße verstärkt. Diese Faktoren zu erkennen gehört mit zu den Aufgaben einer Raumstation. Zumindest ist das heute so. In den Tagen von Skylab waren die meisten Besatzungsmitglieder frühere Kampfflieger, harte, konkurrenzfreudige Burschen, die es nicht gewohnt waren, über mangelnde Bequemlichkeit zu klagen, zum Teil, weil sie nie die Gelegenheit dazu erhielten. Pogue erinnert sich: »Die NASA spielte die Streßfaktoren nicht herunter. Sie ignorierte sie.« Die heutigen Planer wissen, daß gutes Design, im Weltraum wie auf der Erde, wesentlich dazu beiträgt, eine erfreuliche, streßfreie Umgebung zu schaffen.

Das größte Vergnügen, welches das Leben auf Skylab zu bieten hatte, wird auf der neuen Station noch erweitert werden. Die Fenster werden groß und bequem angeordnet sein. Zusätzlich wird es an einem der Module eine spezielle Aussichtskuppel mit

IST DER WELTRAUM UNGESUND?
7. Juli 1995: Norman Thagard ist nach seinem Aufenthalt auf der Mir zurück an Bord der Raumfähre *Atlantis* gekehrt. Trotz eines energischen Übungsprogramms während der gesamten Mission hat sich Thagards Muskeltonus vermindert, insbesondere in seinen Beinen. Schwerelosigkeit führt zu Verlust an Kalzium in den Knochen und zahlreichen anderen medizinischen Problemen. Zurück auf der Erde, wird sich Thagards Körper rasch erholen, aber noch weiß niemand, welche langfristigen Auswirkungen lange Raumflüge haben können. Die Untersuchung derartiger medizinischer Phänomene könnte jedoch sehr wohl eine Rechtfertigung dafür sein, daß Menschen überhaupt in den Weltraum entsandt werden.

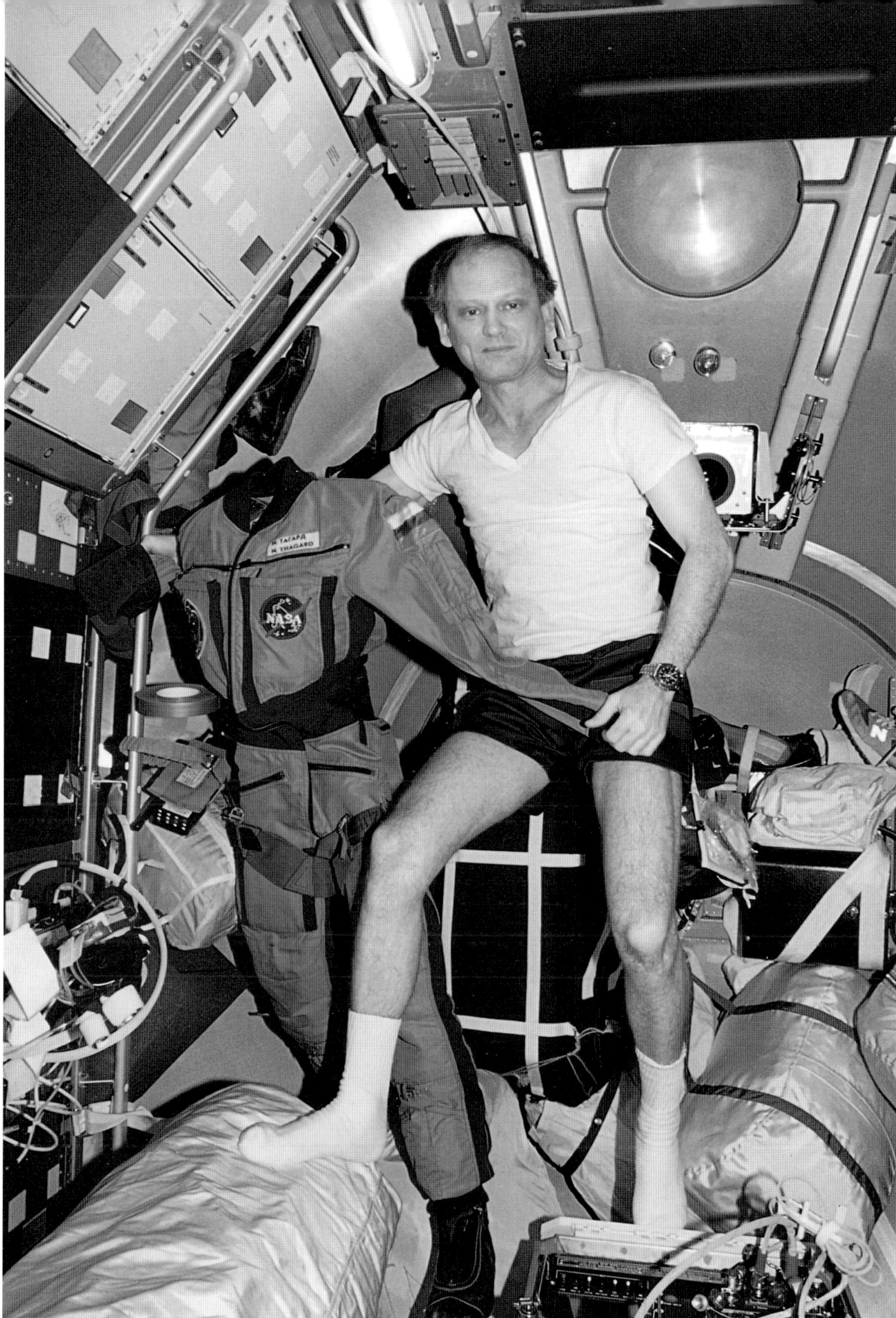
Н. ТАГАРД
N. THAGARD
NASA

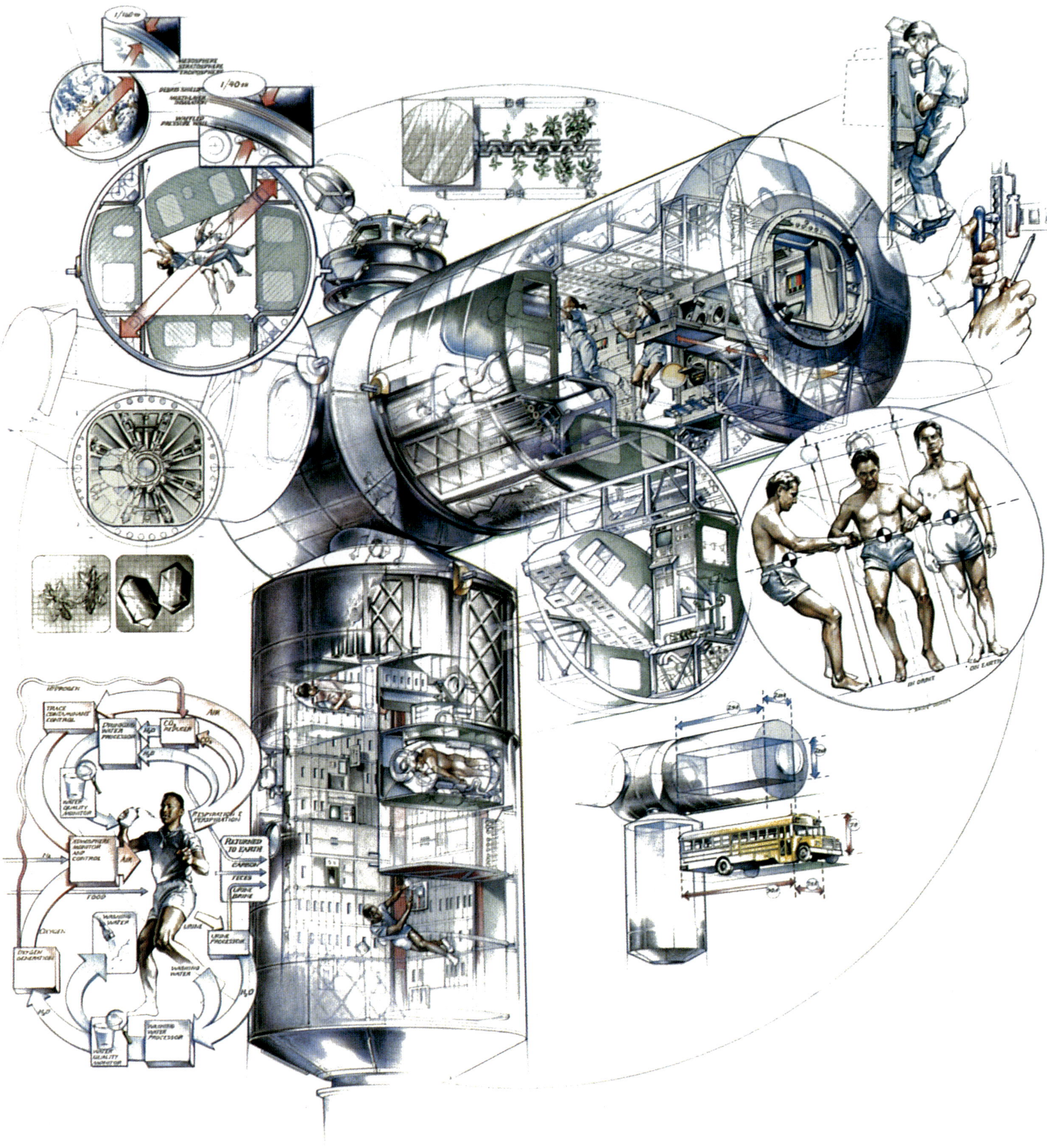
HYDROGEN
TRACE CONTAMINANT CONTROL
AIR
WATER QUALITY MONITOR
RESPIRATION & PERSPIRATION
RETURNED TO EARTH
CARBON
FECES
URINE BRINE
FOOD
OXYGEN
WASHING WATER
URINE
URINE PROCESSOR
OXYGEN GENERATION
WASHING WATER PROCESSOR
IN ORBIT
ON EARTH

Rundumsicht geben. Sie wird bei Ankopplungen und Wartungsarbeiten, bei der Überwachung von Ausstiegsmanövern, beim Photographieren der Erde und so weiter eine ausgezeichnete Sicht bieten – aber ihr zweiter Zweck wird nicht weniger wichtig sein: der Mannschaft eine beispiellose Gelegenheit zu geben, während ihrer Freizeit die Szenerie zu betrachten. Die sich langsam unter ihnen drehende Erde wird vielleicht der schönste Anblick sein, den ein Mensch je haben kann, und auch einer der schmerzlichsten.

VERLOREN IM WELTRAUM

Eine Raumstation fliegt nie mehr als ein paar hundert Kilometer über dem Erdboden. Sie bleibt so nahe bei der Erde, daß der atmosphärische Widerstand ein ständiges Problem darstellt. Daher muß die Station in regelmäßigen Abständen wieder auf eine höhere Umlaufbahn gebracht werden, wenn sie nicht (wie so viele Saljuts und auch Skylab) schließlich langsamer werden und zurück auf die Erde stürzen soll. Diese Nähe zum Boden ermöglicht es den Raumfähren und Frachtern, Rendezvousmanöver durchzuführen, ohne unsinnige Mengen an Treibstoff zu verbrauchen. Im Prinzip kann es länger dauern, von New York nach London über den Atlantik zu fliegen, als heraufzukommen und an einer Station anzukoppeln. Doch wie russische Kosmonauten an Bord der Mir entdeckt haben, sind diese physischen Entfernungen nichts im Vergleich zu der psychologischen Kluft, die sich zwischen einer auf der Umlaufbahn kreisenden Weltraummannschaft und ihrer Heimatwelt auftut.

Einige Tage von der Erde abgeschnitten zu sein ist erträglich, aber Wochen oder Monate können eine starke Belastung sein. Bislang waren es die Langzeitkosmonauten, die am meisten gelitten haben. Die Besatzungsmitglieder der Mir empfinden oft ein Gefühl der Melancholie, ein phantasievolles Verständnis dafür, was es wirklich bedeutet, hilflos im Kosmos zu treiben. Auch wenn sie zähneknirschend mit unglaublichem Durchhaltevermögen ihrer langweiligen Routine folgen, sehnen sie sich nach ihrem Zuhause, ihrer Frau, ihrer Familie.

Ihre Stimmung wird schwerlich durch die instabile Radioverbindung zum Boden verbessert. Die Bodenkontrolle in Kaliningrad (einem Vorort von Moskau) kann keinen ununterbrochenen Kontakt zur Mir aufrechterhalten. In den siebziger Jahren durchpflügten russische Richtfunk-Schiffe die Ozeane und lauschten mit ihren riesigen Schüsselantennen angestrengt auf die leisesten Gedanken jedes vorüberfliegenden Kosmonauten. So war eine ständige Verbindung sichergestellt. Während eines Großteils der Mir-Mission war jedoch nicht genügend Geld vorhanden, diese Schiffe auslaufen zu lassen. Folglich kann die Mir nur Verbindung aufnehmen, wenn sie sich direkt über russischem Territorium befindet.

Sergeij Krikalews Erfahrungen 1991/92 müssen besonders bitter gewesen sein, als gelegentliche, schwankende Radioübertragungen ihm jeweils für 15 Minuten von großen, nicht näher beschriebenen Umwälzungen unten am Boden berichteten, ehe ihn die Umlaufbahn der Mir wieder hinaus in lange Stunden des Schweigens führte.

Allerdings nicht allzu tiefes Schweigen. Raumstationen sind recht laute Orte. Das große Problem ist, die Luft richtig zum Zirkulieren zu bringen. Auf der Erde läßt Konvektion kalte Luft nach unten sinken und warme nach oben steigen (weil warme Luft leichter und weniger dicht ist und daher über die kühle steigt). Gewöhnliche Klimaanlagen nutzen dieses einfache Prinzip, um verbrauchte Luft gegen frische auszutauschen, indem sie kalte, frische Luft abgeben. Diese atmen wir in Bodennähe ein, bis sie sich erwärmt und nach oben zu den Deckenöffnungen steigt, wo sie abgesaugt wird. In der

WISSENSCHAFTS- UND WOHNMODULE.
Diese Boeing-Werbeillustration zeigt den Innenaufbau des amerikanischen Labor- und Wohnmoduls für die Internationale Raumstation.

schwerelosen Weltraumumgebung findet aber einfach keine Konvektion statt. Ein schlafender Astronaut kann an seiner eigenen warmen, verbrauchten ausgeatmeten Luft ersticken, und keine natürlichen Kräfte werden die Luft für ihn reinigen, wenn kein künstlicher Luftstrom erzeugt wird. Belüftungssysteme in Raumstationen beruhen auf purer elektrischer Leistung, um die Luft umzuwälzen. Sie erfordern auch Ein- und Auslaßöffnungen, die überall in den Kabinen verteilt und nicht nur diskret in Bodenleisten oder Deckenpaneelen versteckt sind. Eine enorme Menge an elektrischer Leistung fließt in die vielen Ventilatoren, die im Inneren des Röhren- und Leitungsgewirrs rütteln und schütteln. Zugluft ist ein ständiges Problem, die den Astronauten kalt in den Nacken bläst und ihren Mund austrocknen läßt. Es steht auch außer Frage, die verbrauchte Luft einfach von Bord zu pumpen. Große, laute Kästen, sogenannte »Skrubber« (Gasreiniger), recyceln alte Luft, entfernen Kohlendioxid (mit Hilfe von Lithiumhydroxidfiltern) und erhöhen den atembaren Gehalt, so daß so wenig Sauerstoff wie möglich verschwendet wird. Kondensation und Pilzbildung in den Lüftungsöffnungen der Skrubber sind ein ständiges Problem auf der Mir. Nur um das ganze wohlriechende Ensemble noch abzurunden, wird der Urin ebenfalls innerhalb des Umweltkontrollsystems recycelt, um seinen kostbaren Wassergehalt zum Trinken und Waschen wiederzugewinnen. Und manchmal treten bei diesem Prozeß ebenfalls gefährliche Verunreinigungen auf.

Dann gibt es noch die Instrumente, die Ventilatoren benötigen. Skylab war laut genug. Die Mir ist buchstäblich ohrenbetäubend. Manche Kosmonauten kehren mit einem dauerhaft geschädigten Gehör zurück.

GESCHLOSSENER KREISLAUF

Raumschiffkonstrukteure haben häufig versucht, autarke Lebenserhaltungssysteme mit »geschlossenem Kreislauf« zu entwerfen, in denen die gesamte Luft und alles Wasser recycelt wird, ebenso die Nahrung, soweit das möglich ist. Doch keiner dieser Entwürfe hat sich bislang für die Verwendung im Weltraum als akzeptabel erwiesen. Missionen zum Mars werden sehr effektive Erhaltungssysteme brauchen, wenn nicht der gesamte riesige Frachtraum des Schiffes von Nahrung, Luft und Wasser beansprucht werden soll. Doch bislang stehen vollständig autarke Lebenserhaltungssysteme noch nicht zur Verfügung. Die neue Raumstation wird stark von Versorgungsmissionen von der Erde abhängen. Einige Kritiker meinten, daß Weltraumplaner nicht erwarten dürfen, einen wirklich geschlossenen Kreislauf für eine Raumstation entwickeln zu können, solange sie kaum all die parallel ablaufenden Mechanismen verstehen, die in der Natur wirksam sind.

Dieses Argument gilt jedoch in beiden Richtungen. Erfahrungen über die Lebenserhaltung an Bord der Raumstation könnten zu neuen Erkenntnissen darüber führen, wie Luft und Wasser in der Biosphäre der Erde recycelt werden.

EINE SAUBERE KABINE.
Im Vergleich zu Skylab oder Mir wird die Internationale Raumstation sehr ordentliche Arbeitsbereiche bieten, ohne unebene Oberflächen oder störendes Durcheinander. Die so entworfenen sauberen Innenräume werden jedoch mit der Zeit wahrscheinlich ein bewohntes Aussehen annehmen.

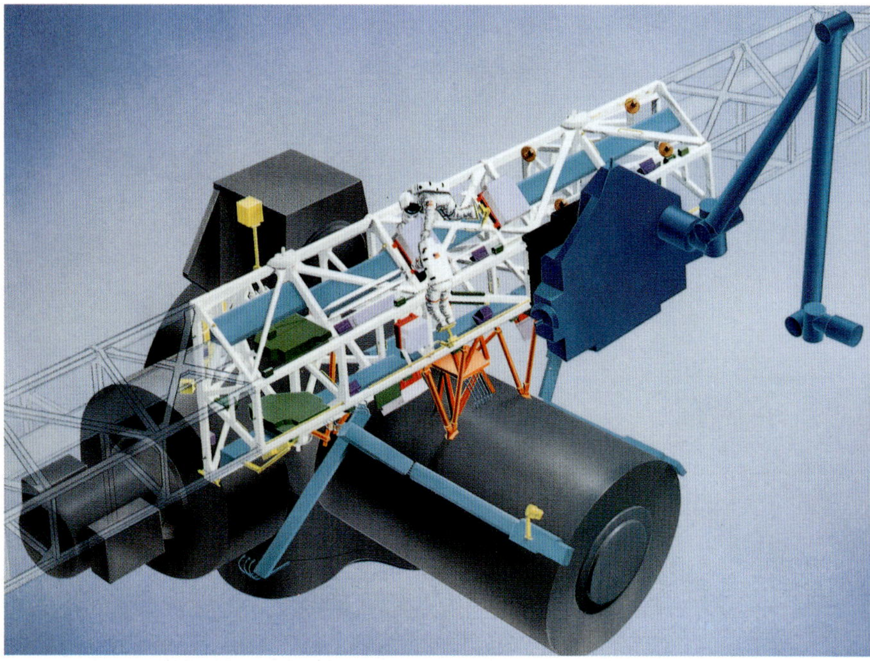

WELTRAUMKONSTRUKTEURE. Die Illustration von McDonnell Douglas links zeigt Astronauten am zentralen Gitterelement der Raumstation, das die Module mit den allgemeinen Aufbauten verbindet. Blau hervorgehoben ist der kanadische ferngesteuerte Greifarm, der sich längs des Gitters hin und her bewegen kann. Astronauten trainieren derzeit im Wassertank am Johnson Space Center Montagearbeiten an der Raumstation (rechts). Bei einigen der alten Freedom-Entwürfe wären rund 2000 Stunden an Außenarbeiten (»Extra-Vehicular Activity«, EVA) nötig gewesen. Angesichts der Tatsache, daß die gesamte bisherige EVA-Zeit der NASA, einschließlich Skylab und Apollo-Mondspaziergängen, nur etwa 600 und die von Rußland 260 Stunden beträgt, war dies stets eine unliebsame Bedingung. Wie die Dinge jetzt stehen, wird die Raumstation zwischen 1998 und 2003 650 Stunden EVA-Zeit erfordern, die zwischen russischen und amerikanischen Astronauten aufgeteilt werden. Hinzu kommen noch 170 Stunden pro Jahr für routinemäßige Wartungsarbeiten.

ENTZWEITE STAATEN IM WELTRAUM?

Der Lärm, der Geruch, das abgestandene Wasser, die Farbgestaltung, das unsinnige Design der Ausrüstung – dies alles ist zu ertragen, wenn man freundliche menschliche Gesellschaft hat. Aber lange Aufenthalte dort oben können selbst zwischen den engsten Teams zu Reibereien führen. 1978 mußte eine Saljut-Mannschaft vorzeitig heimgeholt werden, weil einer von ihnen einen Nervenzusammenbruch erlitten hatte. Die Besatzungen der Mir haben sich oft gestritten, manchmal untereinander, aber häufiger mit der Bodenkontrolle (eine traditionelle Zielscheibe für die Frustrationen aller Weltraumflieger). Anfang 1995, vor den ersten Besuchen der Raumfähren bei der Mir, unternahm Kosmonaut Gennadij Strekalow eine Reihe von Ausstiegsmanövern, um außen an der Station Solarzellenflächen und andere Ausrüstungsgegenstände beiseite zu räumen, so daß die Raumfähre freie Bahn für die Annäherung hatte. Als die Arbeitspläne für die Ausstiege intensiver und nach Meinung Strekalows zunehmend unkoordinierter wurden, rebellierte er. »Diese Ausstiegsmanöver sind nicht richtig geprobt worden. Sie sind gefährlich. Ich werde sie nicht durchführen!« Letztendlich gab Strekalow dann nach und führte seine Arbeit fehlerfrei aus, aber bei seiner Rückkehr zur Erde wurde er zu einer Geldstrafe in Höhe eines merklichen Teils seines Gehalts verurteilt.

Gelegentliche Spannungen zwischen den Besatzungsmitgliedern werden gewöhnlich durch das Band des gemeinsamen Trainings, der Loyalität dem gemeinsamen Arbeitgeber gegenüber und eines gemeinsamen kulturellen Hintergrunds ausgeglichen. Eine multinationale Raumstationsbesatzung dagegen wird sich nie dagewesenen Schwierigkeiten gegenübersehen. Norman Thagard, der erste amerikanische Astronaut, der sich eine Zeitlang auf der Mir aufhielt, fand die kulturelle Isolation schwer zu ertragen. Die immer wieder unterbrochene Kommunikation mit den Bodenstationen führte dazu, daß er manchmal 2 oder 3 Tage hintereinander warten mußte, bis er wieder einige kostbare Minuten lang eine vertraute amerikanische Stimme zu hören bekam. Thagard

FWD

hatte viele Wochen in der Sternenstadt, dem Trainingskomplex für Astronauten in der Nähe Moskaus, zugebracht und gelernt, mit all den russischen Geräten, Raumanzügen, Ventilen und Luftschleusen umzugehen. Doch sobald er in der Umlaufbahn war, wurde er von der psychologischen Isolation völlig überrascht. Sein Russisch war zwar gut genug, um sich unterhalten zu können, aber nicht so gut, um sich seinen Mannschaftskollegen nahe zu fühlen oder mit ihnen scherzen zu können. Irgendwie hatte ihn sein Training nicht darauf vorbereitet, mit russischen Menschen umzugehen.

Diese Probleme vor Augen, engagierte McDonnell Douglas, die Firma, die teilweise für die Inneneinrichtung des mit 6 Betten ausgerüsteten Wohnmoduls der neuen Raumstation verantwortlich ist, als erster NASA-Zulieferer überhaupt eine Anthropologin, um die Wechselbeziehungen von Menschen im Weltraum zu untersuchen. Dr. Mary Lozano befragte Astronauten aus Amerika, Europa, Japan und Rußland und entdeckte bedeutende kulturelle Vorurteile. »Wir wissen, daß sich Leute gegenseitig auf die Nerven gehen können, insbesondere in einer ›abgeschlossenen Umgebung‹, wie wir es nennen. Stellen Sie sich die Probleme vor, die auftreten, wenn sie aus völlig unterschiedlichen Kulturen stammen.« So hatten zum Beispiel Dr. Lozanos japanische Interviewpartner das Gefühl, daß amerikanische Astronauten und Kontrollingenieure dazu neigten, schnelle Entscheidungen zu fällen, ohne ihre Vorgesetzten zu konsultieren. Das Flugpersonal der NASA, das oft gezwungen war, innerhalb von Sekundenbruchteilen Entschlüsse zu fassen, die entscheidend für die Sicherheit der Mission sein könnten, war dagegen der Meinung, daß die japanische Vorliebe, Entscheidungen in einer Gruppe zu treffen, in einem Notfall tödlich sein könnte. Die Amerikaner hatten das Gefühl, daß die Japaner dazu neigten, »ja« zu sagen, wenn sie »nein« meinten, weil sie zu sehr darauf bedacht sind, die soziale Harmonie aufrechtzuerhalten. Der japanischen Denkweise schien dieses individualistische Vorgehen gefährlich und unvernünftig. Sie hielten die Amerikaner für arrogant. Amerikaner dagegen hielten die Japaner für zu sippenverbunden und die Franzosen für arrogant. Die Deutschen meinten, die Italiener seien zu emotional. Die Italiener stellten fest, daß Amerikaner weniger Gefühl für die persönliche Privatsphäre hätten. Die Kanadier waren verärgert, daß die Europäer sie mit den Amerikanern »in einen Topf warfen«.

Dr. Lozano stellte auch fest, daß russische Kosmonauten ebenfalls glaubten, die NASA-Astronauten seien zu individualistisch, zu offensichtlich auf Wettbewerb aus. Diese speziellen Untersuchungen für McDonnell wurden 1992/93 durchgeführt, aber ein jüngeres Ereignis bestätigte sie voll und ganz. Als die Raumfähre *Atlantis* Anfang Juli 1995 von ihrer ersten Ankopplung an der Mir zurückkehrte, brachte sie neben den beiden russischen Mir-Astronauten Wladimir Detschurow und dem jetzt reumütigen Gennadij Strekalow auch Norman Thagard von seinem dreimonatigen Aufenthalt an Bord der Station nach Hause. Russische Ärzte haben ein Standardverfahren für die Heimkehr der Mannschaft. Die erste Regel lautet, daß sie nicht versuchen sollen zu laufen oder auch nur zu stehen, wenn sie gelandet sind. Liegen werden zu der zurück-

TRAINING FÜR SOJUS.
NASA-Astronautin Shannon Lucid übt vor ihrem Flug zur Mir im April 1996 in einer Sojus-Trainingskapsel für eine Notwasserung. Überlebensstrategien sind ihr vom Raumfährentraining her bekannt. Für alle Amerikaner, die in Rußland trainieren, ist die größte Herausforderung nicht die Sojus-Hardware, sondern russisch zu lernen.

gekehrten Sojus gebracht, und die Kosmonauten lassen sich darauf plumpsen, um sich ein paar Stunden auszuruhen, bevor sie versuchen zu stehen. Aber Thagard wollte auf seine Füße kommen, sowie die *Atlantis* ausgerollt war. Für ihn war es eine persönliche Herausforderung, steife Gelenke und Schwindelgefühl zu überwinden und zu beweisen, daß er trotz seines langen Aufenthalts in der Schwerelosigkeit laufen konnte. Seine Mir-Kollegen dachten, er wolle sie als Schwächlinge bloßstellen.

McDonnells wißbegierige Anthropologin fand auch heraus, daß sich holländische und französische Mitglieder des Spacelab-Programms der ESA um ein sehr viel dringlicheres Problem Sorgen machten. Sie befürchteten, daß Mahlzeiten an Bord von NASA-Raumfähren nicht ernst genug genommen würden. Sie mochten gutes Essen und sahen die Essenszeiten als gesellige Pausen an. Amerikanische Flieger dagegen schienen nur zu essen, weil es Zeit war, ihre Körper wieder mit Brennstoff zu versorgen. Es gibt einige sehr grundlegende Fragen über das Essen auf der Internationalen Raumstation, die geklärt werden müssen: Werden alle zur selben Zeit essen? Wird der Geruch der Lieblingsküche einer Nation, der durch eine »abgeschlossene Umgebung« weht, Angehörige anderer Nationen zum Wahnsinn treiben? Die offizielle Sprache an Bord der Raumstation wird Englisch sein. Soll diese Bedingung während der Mahlzeiten gelockert werden?

Die Europäer verzweifelten auch an der Vorliebe der NASA für »Buchstabenworte«, insbesondere, weil solche Akronyme nicht selten bei unterschiedlichen Gelegenheiten unterschiedliche Bedeutungen hatten. Und nach einer Weile begannen sie sowieso alle gleich auszusehen: SME, SPS, PPS, DPS, TDRS, RCS ... Wenn ein »S« am Ende stand, dann hieß das wahrscheinlich »System«, aber ganz sicher konnte man nie sein.

Die Gestaltung der Instrumente erwies sich als ein weiteres Gebiet, das reich an tödlichen Mehrdeutigkeiten ist. Britische Schalter »knipst« man an und aus, amerikanische dagegen werden »gedreht«. Die amerikanische Gewohnheit, »nach oben« mit »an« gleichzusetzen, wird nicht generell von anderen Nationen verstanden. Im Weltraum könnte das kritisch werden. Blinkende rote Warnlämpchen informieren NASA-Mannschaften, daß etwas nicht stimmt. In der fernöstlichen Auffassung bedeutet Rot manchmal Glück, und seine Verwendung auf Instrumententafeln entspricht nicht immer westlichen Standards.

Dann gibt es Feinheiten in der Sprache, die sich auf Abläufe im Cockpit beziehen. Ganz gleich wie exakt ein Begriff auch übersetzt werden mag, seine Bedeutung kann eine völlig andere sein. Amerikaner verwenden häufig das Wort »Kontrolle« oder »Steuerung« für Schalter, Hebel und Skalenanzeigen: »Schubkontrolle, Lagesteuerung« und so weiter. Für Russen hat dieses Wort nur eine administrative Bedeutung: »Bodenkontrollstation« oder »staatlich gesteuert«. Bittet man einen Kosmonauten, eine Steuerungs- oder Lenkeinrichtung ausfindig zu machen, so wird er an irgendeine Behörde in Moskau denken, die bestimmt, in welche Richtung er fliegen soll.

MENSCHLICHE PROBEEXEMPLARE

Über eines sind sich Besatzungsmitglieder aller Nationen einig: Lange Zeit im Weltraum zu leben ist der Gesundheit nicht sehr zuträglich. »Weltraummedizin«, die Untersuchung der Auswirkungen der Schwerelosigkeit auf den menschlichen Körper, hat Wissenschaftler seit den frühsten Tagen der Raumfahrt beschäftigt. Fortgesetzte Forschung auf diesem Gebiet ist ein wesentlicher Teil gegenwärtiger und zukünftiger wissenschaftlicher Programme der Raumstation. Harvey Willenberg, ein Wissenschaftler von Boeing, faßt eine der Herausforderungen an die Weltraummedizin der Zukunft

LEBEN IM WELTRAUM.
Diese Boeing-Illustration zeigt die Mannschaft der Raumstation Freedom bei der Arbeit im Wissenschaftsmodul. Im heutigen Entwurf sind die Module um bis zu 40 Prozent verkürzt, um die Entfernungen zwischen den Luftschleusen an jedem Ende zu verringern. Falls ein Mikrometeorit die Station durchschlägt, muß sich die Besatzung sofort in ein unbeschädigtes Modul begeben können. Trümmerstücke von alten Raketen oder selbst kleine Stückchen abgeblätterte Farbe, die mit 13 Kilometer pro Sekunde fliegen, können enorme Schäden verursachen. Davon abgesehen, vermittelt das Bild einen guten Eindruck vom Leben im Weltraum ab dem Jahr 2003, wenn die neue Raumstation fertig sein soll.

so zusammen: »Kann man 1 Jahr lang im Weltraum überleben? Ja, man kann. Aber kann man 1 Jahr zum Mars unterwegs und dann noch leistungsfähig sein, wenn man ankommt? Das ist die große Frage.«

Das andere Thema der Weltraummedizin – eine teure Praxis – ist die Frage, wie Steuerzahler und die Wirtschaft unten am Boden, hier und jetzt, davon profitieren können, statt sich über die Marsforscher irgendeiner zukünftigen Generation Gedanken zu machen. Mediziner sehen Astronauten auf einer Raumstation als eigene fliegende Laboratorien an. Die schwerelose Umgebung läßt biologische Systeme merkwürdige Dinge tun, durch die man sehr viel über die normalen Funktionen lernen kann. Diese Möglichkeit stellt inzwischen eine der wesentlichen wissenschaftlichen Rechtfertigungen überhaupt für den Bau der Internationalen Raumstation dar. Viele der Männer und Frauen, die sich dort aufhalten möchten, werden ihre Zeit, ihre Privatsphäre, ihr ganzes physisches Ich der Wissenschaft opfern müssen: ständig Blut abliefern, Sensoren tragen, Buch führen über Essen und Trinken, die Ausscheidungen für Untersuchungen sammeln und sich selbst sowie sich gegenseitig allen möglichen unwürdigen Prozeduren aussetzen – und vielleicht auch einigen Gefahren. Während der ersten Andockmission an der Mir erlitt die Astronautin Bonnie Dunbar eine kurze, aber alarmierende allergische Reaktion auf eine Injektion, die sie vor dem Flug zur Vorbereitung eines medizinischen Experiments in der Schwerelosigkeit erhalten hatte.

Veteranen der Apollo-Mondflüge oder die (überlebenden) ersten Sojus-Testpiloten mögen sich nach den einfacheren Tagen zurücksehnen, als die Raumfahrerei noch viel romantischer war. Der NASA-Astronaut John Young war mit Gemini und dann bei zwei Apollo-Missionen geflogen. 1981, mit über 50 Jahren, war er Kommandant des ersten Shuttle-Flugs, bei dem er die Fähigkeiten des neuen Schiffs austestete. Im Dezember 1983 unternahm Young sein, wie sich herausstellte, letztes Weltraumabenteuer. Vielleicht war es ohnehin Zeit für ihn, jüngeren Astronauten Platz zu machen, aber ein vielsagender kleiner Vorfall ist es wert, berichtet zu werden. Es war das Debut von Spacelab, und der erste Astronaut der ESA, Ulf Merbold, war für europäische Experimente zuständig. Young brachte die Raumfähre *Columbia* in eine perfekte Umlaufbahn und verbrachte dann den Großteil der Mission im Cockpit. Hinten in der Ladebucht baten die Spacelab-Wissenschaftler die Bodenkontrolle in Houston, ob sie vielleicht Young herschicken könne, um zu helfen? Houston fragte Young, wie es damit sei. Gedehnt und verächtlich antwortete dieser Pilot, Veteran zahlloser Abenteuer in Überschallflugzeugen und dann im Weltraum, ein Mann, der auf dem Mond umherspaziert ist: »Hey, ich *fliege.* Ich mache keine Wissenschaft.«

Bewohner der Internationalen Raumstation werden sich solche romantischen Gefühlsregungen nicht leisten können.

DIE NACHTEILE DER SCHWERELOSIGKEIT

Die gefährlichsten medizinischen Probleme aufgrund von Schwerelosigkeit treten in der Struktur des Skeletts auf. Auf der Erde scheinen die ständigen Stöße beim Gehen, Laufen oder auch nur beim Stillstehen die Knochen dazu anzuregen, sich selbst wieder anzureichern. Im Weltraum verlieren Knochen mit einer besorgniserregenden Geschwindigkeit Kalzium, und Besatzungen leiden unter etwas Ähnlichem wie Osteoporose, einer Erkrankung, die gewöhnlich mit zunehmendem Alter in Verbindung gebracht wird. Knochen werden spröde. Langfristig kann niemand sicher sein, ob eine Mannschaft, die sagen wir 3 oder 4 Jahre im Weltraum bleibt, jemals ihr verlorenes Kalzium wiedererlangen kann. Ihre Skelette könnten so schwach werden, daß eine Rückkehr zur Erde unmöglich wäre. Inzwischen zirkuliert das abgegebene Kalzium im Blut, und ein Großteil sammelt sich anderswo an, zum Beispiel als Nierensteine.

So wie die Knochen, verkümmern auch viele Muskeln, teilweise durch physiologische Nebeneffekte, aber auch einfach durch mangelnden Gebrauch, insbesondere im unteren Körperbereich. Astronauten nennen dies das »Hühnerbein«-Syndrom. Im Gegensatz dazu behalten Armmuskeln ihre Kraft, weil die Astronauten sie benutzen, um sich vorwärts zu ziehen und zu schieben. Auch das Blutgefäßsystem verändert sich. Im Kopf sammelt sich Blut an und führt zu einer Aufgedunsenheit der Augenpartie, Kopfschmerzen, Benommenheit und einem Blutandrang in der Nase. Die inneren Regulationssysteme des Körpers interpretieren dies fälschlicherweise als Flüssigkeitsüberschuß und scheiden aus, so schnell sie nur können. Da das Durstgefühl vermindert ist, besteht die Gefahr einer unbeabsichtigten Dehydrierung, wenn die Astronauten nicht daran erinnert werden, regelmäßig und viel zu trinken. Auch die Blutzellenproduktion im Knochenmark ist vermindert, was zu Anämie und einer Schwächung des Immunsystems führt. Das Herz schrumpft und gewöhnt sich an eine stark herabgesetzte Pumpleistung. Das kann sehr gefährlich sein, wenn bei der Rückkehr zur Erde die Belastung wieder ansteigt.

Der Gleichgewichtssinn spielt ebenfalls verrückt. Starke Übelkeit ist selbst unter den tapfersten Weltraumbesatzungen weit verbreitet, zumindest in den ersten paar Stunden der Schwerelosigkeit. Widersprüchlichkeiten zwischen dem Gleichgewichtssinn des Innenohrs und dem Gesichtssinn können zu merkwürdigen Illusionen führen.

Aber es gibt Hinweise, daß sich der Körper schließlich anpaßt und (zusammen mit den Sinnen) ein neues Gleichgewicht in der ungewohnten Weltraumumgebung findet. Mannschaften, die für nur etwa 1 Woche im Weltraum waren, sind nach ihrer Rückkehr oft viel geschwächter als solche, die mehrere Wochen oben waren. Mehr noch, Astronauten führen seit langem bestimmte Übungen durch, um die Stöße auf die Knochen zu simulieren, die für die Gesunderhaltung des Skeletts nötig sind, und um ihrem Herz genügend zu tun zu geben. Sicherlich empfinden Kosmonauten, die 1 Jahr oder länger geflogen sind, die Rückkehr zur Erde als unangenehm, aber soweit wir wissen, erlangen sie innerhalb von wenigen Wochen ihren gewohnten Gesundheitszustand wieder. Welche langfristigen Auswirkungen hat die Raumfahrt? Diese müssen erst noch bestimmt werden, aber es gibt Anzeichen, daß es zu einer leichten allgemeinen Verschlechterung der Gesundheit kommen kann.

SCHLECHT FÜR DIE ASTRONAUTEN, GUT FÜR UNS

Die Knochenerkrankungen, unter denen Astronauten in der Schwerelosigkeit zu leiden haben, können möglicherweise sehr wohl die Ausgaben rechtfertigen, die durch ihren Flug in den Weltraum überhaupt erst entstehen. Fast 30 Millionen Amerikaner leiden an Osteoporose. Die Gesamtkosten der medizinischen Behandlungen im Zusammenhang mit dieser Krankheit belaufen sich auf vielleicht 60 Milliarden Dollar pro Jahr: mehr als das Doppelte der gesamten Entwicklungskosten der Raumstation. Wenn schwerelose Astronauten untersucht werden können und weitere Geheimnisse der Knochenchemie dabei entdeckt werden, dann macht sich die Raumstation möglicherweise allein dadurch bezahlt, daß sie wesentlich zum medizinischen Fortschritt beiträgt. Tatsächlich können alle durch die Schwerelosigkeit hervorgerufenen Nebeneffekte genutzt werden, um unser Wissen über den menschlichen Körper zu vermehren, indem man sein Verhalten im Weltraum mit dem auf der Erde vergleicht.

20.001 °c.
4.014 °c.
18.002 °c.
27.054 °c.

DIE NUTZLAST

Während der gesamtem Entwicklung der Raumstation war das größte Problem, ihren endgültigen Zweck und Nutzen zu bestimmen. Diejenigen, die einst davon träumten, einen Stützpunkt für die tiefere Erforschung des Weltraums zu errichten, haben viele ihrer Ziele für ein mehr nach innen gerichtetes Programm aufgegeben, zumindest in der näheren Zukunft. Neben politischen Überlegungen sind es die medizinischen Experimente, die heute als Hauptgrund für den Bau der Station gelten.

EIN TEURES LABORATORIUM. Dies ist das Innere des amerikanischen Labor-Moduls. Hinter den 4 runden Abdeckplatten befinden sich kristallographische Experimente. Der Handschuharbeitskasten (»Glove-box«) im Vordergrund ermöglicht die sichere Handhabung empfindlicher Objekte oder biologischer Proben.

DIE NUTZLAST

Der Aufenthalt von Wissenschaftsastronauten in einer ungewohnten Umgebung wird eine wertvolle Möglichkeit bieten, das gesamte Spektrum der menschlichen Biologie zu untersuchen. Aber die Menschen, die an Bord der zukünftigen Raumstation fliegen werden, müssen sehr gesund sein, wenn sie den schädlichen Auswirkungen der Schwerelosigkeit widerstehen und ihre Pflichten erfolgreich erfüllen sollen. Langsam ablaufende und vielleicht heilbare Erkrankungen wie Osteoporose können mit ihrer Hilfe erforscht werden, aber die Mediziner werden auch grundsätzlich krankes Gewebe im Weltraum untersuchen wollen: insbesondere Ansammlungen von Krebszellen. Hierfür werden topfite Weltraumbesatzungen kaum von Nutzen sein. Man wird Proben von anderen Quellen in die Umlaufbahn bringen und untersuchen müssen.

BÖSARTIGE ZELLEN

Krebszellen werden mit großer Routine in Biologielabors gezogen. Dabei gibt es zwei grundsätzliche Methoden. Krebsgeschwulste können in lebenden Organismen (Mäusen, Ratten oder anderen Tieren) künstlich hervorgerufen und dann untersucht werden, oder aber Krebszellen werden isoliert und in Kulturschalen gezogen. Beide Methoden haben ihre Vor- und Nachteile.

Ganz abgesehen vom zunehmenden Gewicht moralischer Bedenken gegen Vivisektion, bedeutet die künstliche Erzeugung von Krebs in einem Tier, daß die Wachstumsprozesse nicht ohne weiteres untersucht werden können, während sie im Gange sind. Das Tier muß seziert werden, nachdem der Krebs schon entstanden ist. Im Gegensatz dazu ermöglicht die Züchtung isolierter Krebszellen in einer Nährschale den Wissenschaftlern, die Zellen sehr genau zu untersuchen, während der Krebs beginnt. Aber hier ist das Problem, daß man in einer Nährschale eine flache Zellschicht erhält, während in natürlichem Körpergewebe der Krebs dazu neigt, sich in dreidimensionalen Tumoren zusammenzuklumpen. Die in Schalen gezogenen Zellen verhalten sich anders als »echte« Krebszellen und sind daher für Untersuchungen nicht so wertvoll. Nährstofftröge führen zwar zu einem weniger flachen Wachstum, aber die Ergebnisse sind noch längst nicht befriedigend.

Im Weltraum können Krebszellen als feste Klumpen gezogen werden, nicht in Schalen, sondern in durchsichtigen, nährstoffgefüllten Kanistern. Dann kann man sie während des Wachstums dreidimensional untersuchen. Es gibt keine Gravitation, die sie abflacht, und sie können künstlich dazu gebracht werden, sich so zu verhalten wie tief im Körperinneren wachsende Zellen. Verschiedene Behandlungsmethoden, von Bestrahlung bis zu Lasern und Chemotherapie, können dann an diesen Proben getestet werden.

MOLEKULARBIOLOGIE

Biochemiker denken in »Formeln«, die die Anzahl und Verhältnisse verschiedener chemischer Elemente in einem Molekül angeben. Aber diese Information liefert nicht immer eine vollständige Beschreibung. Scheinbar unbedeutende Unterschiede zwischen »linkshändigen« und »rechtshändigen« Molekülen können von großer Wichtigkeit sein. So unterscheidet sich zum Beispiel L-Dopa, ein pharmazeutisches Präparat zur Linderung der Symptome der Parkinson-Krankheit, in seiner Wirkung völlig von R-Dopa, der gleichen Chemikalie, die aber einen spiegelbildlichen Aufbau aufweist. Bei herkömmlichen Analysen solcher Substanzen werden diese häufig aufgebrochen, wodurch ein Großteil der Information über die Struktur verlorengeht.

Proteine, die vielfältigsten und wichtigsten Substanzen im Körper, können leicht aufgebrochen und analysiert werden, um die genauen Zahlenverhältnisse der chemischen Elemente zu bestimmen, aus denen sie bestehen. Aber diese Elemente – Kohlenstoff, Sauerstoff, Wasserstoff und so weiter – sind nur die Bausteine. Die Wissenschaftler möchten die exakten Strukturverhältnisse innerhalb einzelner Proteinarten bestimmen. Viele Proteine können so kompliziert sein, daß die Schwierigkeiten bei ihrer Analyse weit über die einfache Bestimmung einer Links-Rechts-Tendenz hinausgehen. Die DNS ist das Musterbeispiel für ein solch kompliziertes Molekül und auch das zentrale Ziel der medizinischen Forschung im Weltraum.

Als Francis Crick und James Watson 1953 die Doppelhelixstruktur der DNS ableiteten, waren die chemischen Verbindungen, aus denen sie besteht, wohlbekannt. Aber niemand verstand so recht, welche Struktur sie bilden und welche Funktion diese Struktur bei der DNS-Replikation hat. Crick und Watson brauchten knapp 18 Monate, um dies herauszufinden und das heute so bekannte Doppelhelixmuster zu entdecken. Aber dabei stützten sie sich stark auf die Arbeit von Wissenschaftlern, die bereits mühselige röntgenkristallographische Experimente durchgeführt hatten.

Proteine sind normalerweise empfindliche, feine Strukturen. Aber unter bestimmten Bedingungen können sie als feste Kristalle gezogen werden, wobei ihre Anordnung in einer Form »eingefroren« wird, die widerstandsfähig genug ist, um eine Untersuchung zu überstehen. Auch die DNS kann in einer kristallisierten Form untersucht werden. Anfang der fünfziger Jahre lieferten Röntgenstrahlen, mit denen man DNS-Kristalle durchleuchtete, faszinierende Hinweise über deren Struktur, aber nur in Form verschmierter Interferenzmuster auf Photoplatten, die für den ungeübten Beobachter völlig unverständlich waren. Dennoch lieferten diese groben Röntgenexperimente genügend Strukturdaten, um Crick und Watson auf die richtige Spur zu führen. Welche Art Struktur könnte die beobachteten Interferenzmuster erzeugen und mit den bekannten chemischen Elementen in der DNS in Einklang stehen?

Moderne Elektronenmikroskope und andere Instrumente können heute rechnergestützte visuelle Interpretationen molekularer Anordnungen liefern und somit der Kristallographie viel Raterei ersparen. Das einzig echte Problem, das die Analytiker noch haben, ist, reine, fehlerfreie Kristalle für die Untersuchung zu bekommen. Im Weltraum, wo keine Verzerrungen durch die Gravitation auftreten, können Proteinkristalle gezüchtet werden, die sehr viel klarer definiert und geometrisch präziser sind als entsprechende auf der Erde gezüchtete Exemplare. Die Analyse ihrer Strukturen wird sehr viel zuverlässiger und brauchbarer sein als die unscharfen Photoplatten, über denen Crick und Watson gegrübelt hatten. Daten von Raumstationsexperimenten werden sowohl bei der am Boden durchgeführten genetischen Erforschung von Erbkrankheiten als auch vieler Krebsleiden und bakteriell hervorgerufener Krankheiten von Nutzen sein.

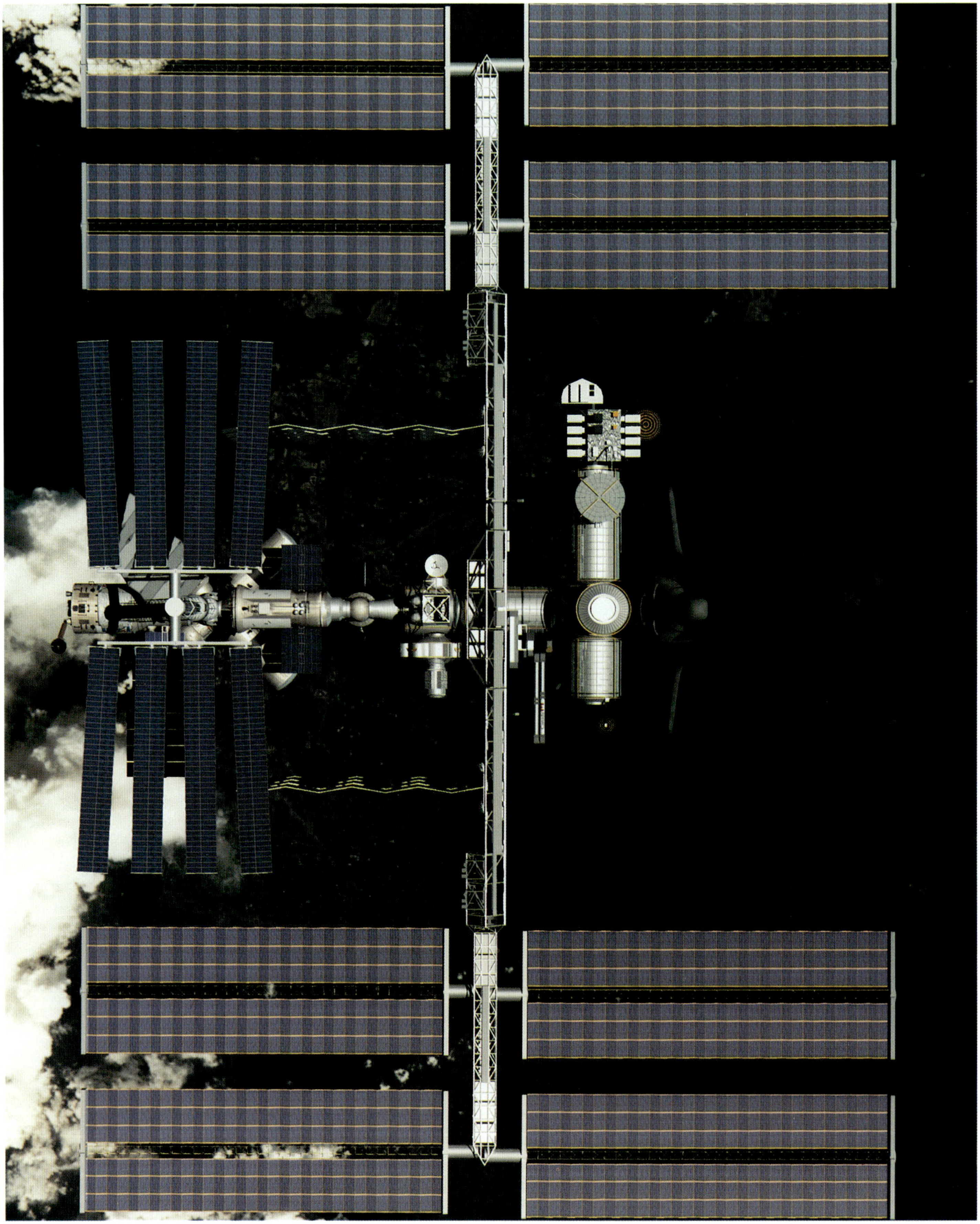

STROM FÜR DIE WISSENSCHAFT. Dieser Blick von oben auf die Raumstation zeigt deutlich, wie die photovoltaischen Flächen die Struktur beherrschen. Die Hauptflächen sind 74 m breit und erzeugen gemeinsam 110 Kilowatt. Die kleineren Flächen links auf dieser Ansicht sind russische Sonnenzellen, die das russische Service-Modul und die FGB-Elemente mit Strom versorgen sollen. Rechts hat eine Raumfähre an dem Block amerikanischer, europäischer und japanischer Module angedockt.

SCHNELLE CHIPS, SCHNELLERES GELD

Die logische Fortführung der Züchtung organischer Kristalle ist die Züchtung anorganischer Kristalle. Wenn zum Beispiel Siliciumkristalle hergestellt werden können, die noch reiner sind als die heutigen Produkte der Elektronikindustrie, dann wird eine weitere Miniaturisierung von Computerschaltkreisen möglich sein. Je kleiner ein Schaltkreis ist, desto schneller arbeitet er, weil die Materie der Bauteile die elektronischen Ströme nicht mehr als absolut nötig behindert. Selbst bei Geschwindigkeiten nahe der Lichtgeschwindigkeit benötigen elektronische Pulse, die durch die Schaltkreise laufen, eine gewisse Zeit, um sich fortzupflanzen. Vermindert man die Entfernungen, so wird das System schneller. Geschwindigkeit, Speicherkapazität und Zuverlässigkeit – dies ist die Heilige Dreieinigkeit der Elektronikindustrie, und die Konstrukteure versuchen, hier ein Ideal zu erzielen. Sie möchten Computer herstellen, deren kleinste logische Elemente einzelne Atome sind. Theoretisch ist bewiesen, daß dies möglich ist, aber nur, wenn winzige elektronische Schaltkreise innerhalb völlig reiner, völlig regelmäßiger Kristalle hergestellt werden können.

Kleine Mengen hochspezialisierter Chips für Forschungszwecke könnten bald eine »Industrie mit geringem Volumen und hohem Umsatz« im Weltraum ins Leben rufen. Bei einem Raumfährenflug kann leicht eine kleine Schachtel mit einigen hundert Chips transportiert werden, von denen jeder viele tausend Dollar wert ist. Aber eine Massenproduktion solch ultrareiner Chips in der Umlaufbahn mit Stückzahlen von Hunderttausenden für herkömmliche Computer ist zur Zeit unwahrscheinlich, nicht weil sie im Weltraum nicht billig hergestellt werden könnten, sondern weil man sie nicht billig zurück zur Erde transportieren kann. Das gleiche gilt für biotechnologische Produkte. Kleine Fläschchen exotischer Proben können das Tausendfache ihres Gewichts in Gold wert sein, nicht als eigentliche Arzneimittel, sondern weil sie die Forschung vorantreiben und zur Entwicklung neuer Medikamente auf der Erde beitragen werden.

Das Hauptprodukt einer Raumstation, gewinnbringend oder nicht, wird Information sein, die mit geringen Kosten zur Erde gefunkt werden kann. Man sollte nicht vergessen, daß die meisten Vorstellungen von riesigen Industriekomplexen in der Umlaufbahn zu Fall kommen, wenn die Transportkosten der Rohstoffe und Produkte miteingerechnet werden. Die Entwicklung eines echt billigen Weltraum-Transportsystems wird entscheidend für jeden praktikablen Industrialisierungsprozeß im Weltraum sein. Bis dahin sollte trotz der gegenwärtig hohen Kosten von Raumfährenstarts die Schwerelosigkeit eine sehr produktive und potentiell gewinnbringende Forschungsumgebung darstellen.

Und das, obwohl es so etwas wie Schwerelosigkeit gar nicht gibt.

DER MYTHOS DER NULL-GRAVITATION

Ein Raumschiff auf einer Umlaufbahn um die Erde ist nicht frei von Gravitation. Bei weitem nicht. Die Gravitation ist es, die verhindert, daß das Schiff in die Tiefen des Weltraums davonfliegt. Exakt ausgedrückt, befinden sich das Schiff und seine Besatzung im freien Fall, wie ein Fahrstuhl voller Passagiere, kurz nachdem die Seile gerissen sind. Die Raumstation fällt endlos um den Planeten herum, wobei ihre Tendenz davonzufliegen exakt durch die Tendenz der Erde, sie herabzuziehen, ausgeglichen wird. In einer niedrigen Umlaufbahn besteht das Hauptproblem einer Raumstation darin, daß ein geringer atmosphärischer Widerstand allmählich die Erdanziehung gewinnen läßt. Das war der Grund, warum die ersten Saljuts immer wieder nach relativ kurzer Zeit in der Umlaufbahn auf die Erde zurückfielen, bis die Russen lernten, sie durch erneute Zündungen wieder auf etwas höhere Bahnen zu befördern. Das amerikanische Skylab blieb mehrere Jahre oben, weil es ursprünglich in einer höheren Umlaufbahn stationiert war als die Saljuts. Aber nach 6 Jahren fiel auch Skylab der atmosphärischen Abbremsung zum Opfer. Die neue Raumstation wird alle 90 Tage angehoben werden müssen, damit sie 12–15 Jahre oben bleibt.

Von der atmosphärischen Reibung abgesehen, hebt das Gleichgewicht zwischen der Zentrifugalkraft der Station, die sie nach außen fliegen lassen möchte, und der Erdgravitation, die sie nach unten ziehen möchte, die Schwerkraft auf, soweit es die Insassen betrifft. Aber eine Gravitationswirkung ist noch immer meßbar. So unterliegen zum Beispiel die Teile einer Station, die sich näher an der Erde befinden, einer stärkeren Anziehungskraft als die weiter weg liegenden Teile, genau wie Isaac Newton vorhersagt. Hinzu kommt, daß die Station ihre eigene Masse hat – 462 Tonnen, um genau zu sein. Das genügt, um ein eigenes kleines Gravitationsfeld zu erzeugen. Wie bei jedem Himmelskörper gilt die gewöhnliche Regel: Die Eigengravitation der Station ist im Zentrum am stärksten und in den Außenbezirken am schwächsten.

Weltraumwissenschaftler sind gewohnt, von »Mikrograviation« zu sprechen und nicht von »Schwerelosigkeit«. Daher wird die genaue Plazierung von Experimenten innerhalb der Raumstation sehr wichtig sein. Eine weitere Schwierigkeit besteht darin, daß sich die Massenkonfiguration der Station jedesmal ändert, wenn sich die Mannschaft von einem Modul zum anderen begibt. Diese Verschiebung ist sehr gering, aber dennoch meßbar. Ein eher wahrnehmbares Problem sind die leichten Beschleunigungen in allen möglichen Richtungen, die dadurch hervorgerufen werden, daß die Mannschaft sich durch Abstoßen oder Heranziehen an Wänden umherbewegt, was eine entgegengesetzte Bewegung der Station bewirkt. Diese Beschleunigungen sind leicht zu messen und groß genug, um ein Problem darzustellen. Wenn ein Mikrogravitationsexperiment einer Beschleunigung ausgesetzt wird, dann erfährt es, wie kurz auch immer, eine Kraft, die absolut nicht von der Gravitation zu unterscheiden ist.

Stellen Sie sich vor, Sie sitzen in einem kleinen Ruderboot mitten auf einem ruhigen See. Aus unerfindlichen Gründen, die nur ihr bekannt sind, versucht Ihre Freundin, ein bis zum Rand mit Wasser gefülltes Glas am Überschwappen zu hindern, so daß sie die Oberfläche der Flüssigkeit untersuchen kann. Unklugerweise klettern Sie hinüber auf ihre Seite des Bootes. Diese Aktion erzeugt eine Reaktion des Bootes, das sich unter Ihren Füßen bewegt und das Glas Ihrer Freundin erschüttert. Deshalb beschließen Sie, um Ärger zu vermeiden, schwimmen zu gehen. Wenn Sie über den Rand gleiten, ganz gleich wie vorsichtig auch immer, wird das Boot aber immer auf Ihren Stoß reagieren, und das empfindliche Experiment Ihrer Freundin ist verdorben.

Die NASA-Planer haben ein Großteil ihrer Zeit und Energie auf die Lösung entsprechender Probleme im Weltraum verwendet. Wie kann die Station die Stöße von Astronauten ausgleichen, die bei Ausstiegsmanövern »über den Rand« gleiten? Wie können Experimente vor den Bewegungen der Besatzung geschützt werden? Was geschieht mit Mikrogravitationsexperimenten, wenn eine 80 Tonnen schwere Raumfähre an der Station ankoppelt und dabei sowohl den gemeinsamen Schwerpunkt verschiebt als auch die gesamte Struktur beim Einrasten der Andockriegel erschüttert?

Die generelle Lösung wird darin bestehen, 180 Tage im Jahr für die Mikrogravitationsforschung zu reservieren. An diesen Tagen, die oft als einige Wochen am Stück eingeplant werden, sind Ankopplungen von Raumfähren, die Ankunft neuer Module und so weiter verboten. Besatzungsmitglieder, die nicht an Experimenten beteiligt sind, werden mit anderen Arbeiten beschäftigt, die sie einigermaßen ruhig halten.

DER »POWER-TOWER«. Als die NASA Anfang der achtziger Jahre mit ernsthaften Studien zur Raumstation begann, diente dieser Entwurf als Grundlage für die Forderungen an die Zulieferer nach detaillierteren Vorschlägen. Die NASA wollte, daß die Hauptmasse der Module und Ausrüstung am einen Ende der Struktur ruhte und die weniger schweren Sonnensegel, Antennen und Sensoren am anderen Ende. Die Erdgravitation würde allmählich das schwere Ende hinunter in Richtung Erde ziehen, so daß eine stabile Lage aufrechterhalten bliebe, mit Instrumenten zur Erdbeobachtung unten und Astronomie-Nutzlasten oben, Richtung Weltall. Doch der Entwurf wurde verworfen, weil Mikrogravitationsforscher die Labor-Module so nahe wie möglich am Schwerpunkt der Station haben wollten.

Bislang ist die Zuteilung von Zeit für Mikrogravitationsexperimente eher ein Verwaltungsproblem. Wie sie in der Praxis funktioniert, bleibt abzuwarten. Selbst von einer »ruhiggestellten« Mannschaft kann man nicht erwarten, daß sie sich tagelang oder auch nur für Stunden völlig bewegungslos verhält. Mikrogravitationsexperimente werden daher auf speziellen Gestellen untergebracht, die durch Federn, Stoßdämpfer und trägheitsgedämpfte Mechanismen vom eigentlichen Gefüge der Raumstation isoliert sind. Diese Methode unterscheidet sich nicht sehr von den vibrationsfrei gelagerten Plattentellern bei bestimmten, sehr teuren Stereoanlagen hier auf der Erde. Experimente, die ein extremes Maß an Isolation erfordern, werden auf speziellen Palettengestellen außerhalb des Hauptkörpers der Station postiert, die auf stoßdämpfenden Gelenken ruhen.

In einem der Module wird es jedoch künstliche Gravitation geben – wenn auch nicht zum Wohle der Besatzung. Man wird kleine biologische Proben – Pflanzen, Mikroorganismen und Insekten – in einer Zentrifuge rotieren lassen, um die Auswirkungen veränderlicher Gravitationskräfte auf Wachstum und Verhalten zu untersuchen. Jeder Organismus auf der Erde wird von der Schwerkraft beeinflußt. Blumen und Bäume »wissen«, daß sie nach oben sprießen und ihre Wurzeln »nach unten« wachsen müssen. Dieses Verhalten beruht teilweise auf chemischen und lichtempfindlichen Reizen, aber ein wesentlicher Stimulus ist die Gravitation. Die Rolle der Schwerkraft beim Gleichgewichtssinn von Insekten und Spinnen kann ebenfalls untersucht werden, indem man diese Tiere verschiedenen simulierten Schwerkräften in der Zentrifuge aussetzt. Damit werden sie im kleinen dieselbe Art künstlicher »Rotations«-Gravitation erleben, wie sie Hermann Noordung und Wernher von Braun vorschwebte, als sie ihre riesigen radförmigen Raumstationen ersannen.

Bei so vielen komplizierten Experimentenpaketen, die jederzeit auf der Raumstation in Betrieb sind, wird Sicherheit ein wichtiges Thema: Biologische Experimente in der Zentrifuge und anderswo müssen sorgfältig in luftdichten Kisten eingeschlossen werden, die Stromversorgung aller Geräte muß überwacht werden, und Feuer stellt eine beträchtliche Gefahr dar, insbesondere weil die Mannschaft einen Teil ihrer Zeit damit verbringen wird, Dinge absichtlich in Brand zu setzen.

FEUER!

Auf der Erde läuft eine Kerzenflamme nach oben spitz zu, wobei sie durch Konvektion an ihrer Basis frischen Sauerstoff ansaugt und an ihrer Spitze heiße, verbrannte Abgasen ausstößt. Im Weltraum ist eine Flamme kugelförmig und kann an ihren eigenen Abgasen ersticken. Trotzdem ist Feuer jedoch eine potentielle Gefahr. Gelegentlich haben elektrische Systeme von Raumfähren Funken und Rauch erzeugt. In einem solchen Falle wurden sie dann immer abgeschaltet und eine Ersatzausrüstung benutzt. In russischen Raumstationen ist es zu zwei ernstlichen Bränden gekommen, davon einer unterhalb einer Bodenabdeckung, wo er nicht leicht gelöscht werden konnte. Die Hauptgefahr sind jedoch nicht so sehr Flammen, sondern giftige Dämpfe. Es stellt sich die Frage: Wie funktioniert ein Feuerwarnsystem in einer Raumstation?

Offensichtlich sind an der Decke montierte Rauchmelder nutzlos, weil es keine Konvektion gibt, die heiße Verbrennungsprodukte zu ihnen hinauftransportiert. Infrarotdetektoren könnten ein leidlicher Ersatz sein. Aber was ist, wenn ein Feuer in einer verborgenen Nische oder in einem abgeschlossenen Kasten mit elektrischen Leitungen ausbricht? Wärmesensoren werden überall in der Station angebracht werden. Aber auch hier gilt: Ohne Konvektion könnten sie leicht ein Feuer übersehen, das sozusagen direkt vor ihrer Nase brennt. Untersuchungen über das Verhalten von Flammen im Weltraum werden entscheidend für die Konstruktion zukünftiger Raumfahrzeuge sein und auch für verbesserte Sicherheitsvorkehrungen in der Station selbst.

Derzeit beruhen auf der Erde 85 Prozent unserer gesamten Energieerzeugung auf irgendeiner Art Verbrennung: Erdöl, Kohle, Gas, Holz. Da sich die riesige Last an kohlenstoffhaltigen Verbrennungsprodukten in der Atmosphäre ansammelt und zum sogenannten »Treibhauseffekt« beiträgt, bemüht man sich verstärkt um effektivere und weniger giftige Verbrennungsprozesse. Wenn der Wirkungsgrad typischer Verbrennungssysteme um nur zwei Prozent verbessert würde, könnte die amerikanische Wirtschaft 8 Milliarden Dollar pro Jahr an Brennstoffkosten sparen. Die Untersuchung von Flammen im Weltraum wird den Wissenschaftlern Daten über die grundsätzliche Funktionsweise der Verbrennung liefern. Stoffe müssen aber nicht unbedingt in Flammen aufgehen, um das Interesse der Wissenschaftler zu erregen. Es genügt, wenn sie ihre Temperatur soweit ändern, daß sie schmelzen, verdampfen – oder gefrieren.

ZUSTANDSÄNDERUNGEN

Wenn sich festes Eis in flüssiges Wasser und Flüssigkeit in Gas verwandelt, so unterscheiden sich diese drei wohlbekannten Zustände sehr deutlich voneinander. Aber während des Übergangs von einem Zustand in den anderen kommt es zu einem flüchtigen, wenig verstandenen Materiezustand, der sich völlig von unserer gängigen Erfahrung unterscheidet. Dieser Grenzzustand heißt »Phasenübergang«. Auf der Erde erschwert Konvektion eine genaue, zuverlässige Untersuchung von Phasenübergängen. Im Weltraum kann dieser empfindliche Bereich der Atomphysik in einer idealen Umgebung studiert werden, in der außer dem Phasenübergang selbst keine anderen Kräfte am Werk sind.

Physiker sind begierig darauf, Erscheinungen wie den Phasenübergang zu erforschen, um die Grenzen der »reinen« (im Gegensatz zu den »angewandten«) naturwissenschaftlichen Erkenntnisse auszudehnen. Genetiker freuen sich in pragmatische-

DAS KERNSTÜCK DER STATION. Eine genauere Ansicht des zentralen Blocks aus bewohnbaren, das heißt unter Atmosphärendruck stehenden Raumstationsmodulen: Links sind auf den jeweiligen Modulen US-amerikanische, europäische und japanische Abzeichen zu sehen. Das russische Service-Modul befindet sich rechts unten. Die gesamte Struktur wirkt zerbrechlich, aber in der Schwerelosigkeit ist dies kein Problem. Beim Ankoppeln von Raumfähren wird jedoch die gesamte Konstruktion zum Vibrieren gebracht werden, was zu ernsthaften Beeinträchtigungen bei den Mikrogravitationsexperimenten führen wird. Man beachte die rechteckige Anordnung von Experimenten, die mit dünnen Stäben am japanischen Experimentenmodul angebracht sind, damit sie so weit wie möglich von der Hauptstruktur der Station isoliert sind.

NASDA

BIOTECHNOLOGIE

Untersuchungen von Gewebeproben	Kenntnisse über Wachstum und Entwicklungsprozesse bei normalem und krebserkranktem Gewebe von Säugetieren
Züchtung von Proteinkristallen	liefert Informationen, die zum Verständnis und zur Beeinflussung des Verhaltens von Proteinen nötig sind; HIV-Forschung
Trennverfahren	Trennung und Reinigung biologischer Zellen und Proteine für medizinische Forschungen
Zellverschmelzung	gentechnische Behandlung von Nutzpflanzen zur Verbesserung des Ertrags und Erhöhung der Widerstandsfähigkeit gegen Krankheiten
Kollagenverarbeitung	Herstellung von Stoffen für die Heilung von Wunden oder für andere Behandlungen des menschlichen Bindegewebes
Herstellung von Isoenzymen	Verkürzung der Produktionszeiten bei der Herstellung von Proteinen zur Behandlung von Krankheiten

BIO- UND BIOMEDIZINISCHE WISSENSCHAFTEN

Schwerkraftbiologie	Untersuchung der Rolle der Schwerkraft bei allen Lebensformen auf der Erde, von Bakterien bis zu Pflanzen, Tieren und Menschen
Weltraumphysiologie	Erkenntnisse über menschliche Gleichgewichts- und Fortbewegungsfunktionen sowie Wahrnehmung; Immunreaktionen auf Mikrogravitation
geschlossene Lebenserhaltungssysteme	Recycling von Ausscheidungs- und Atmungsprodukten; Erneuerung von Luft, Wasser und Verbrauchsstoffen
praktische Medizin	Untersuchung der Leistungsfähigkeit des Gefäßsystems sowie muskulärer und vestibulärer Erkrankungen; Osteoporose
menschliches Verhalten	Verfahren zur Bekämpfung von Schlafstörungen; Modelle des menschlichen Verhaltens; Team-Psychologie
medizinische Betreuung der Besatzung	biomedizinische Überwachung; Fernbehandlungstechniken; kompakte medizinische Notfallsysteme

ERD- UND ATMOSPHÄRENWISSENSCHAFTEN

Ozeanographie	Überwachung der Temperatur der Meeresoberfläche, der Windgeschwindigkeiten, des Seegangs, der Meeresströmungen, der Eisbedeckung usw.
Atmosphärenforschung	Analyse von Gasen und Aerosolen, Messung von Wolken, Ozon und Spurengasen; Sturmüberwachung
Untersuchungen des erdnahen Raumes	Messungen der globalen Strahlenbelastung durch Gammastrahlungsausbrüche, solare Teilchen usw.
Überwachung von Ressourcen	Testverfahren zur Überwachung der Gesundheit von Feldfrüchten, Verteilung von Pflanzen, Tierpopulationen; Dichte von Plankton usw.
Überwachung von Transporten	Analyse der Auswirkungen des weltweiten Luft- und Seeverkehrs; Kondensstreifen von Flugzeugen; Bugwellen von Schiffen

MASCHINENBAU UND TECHNOLOGIE

Hilfsausrüstung für Menschen	Entwürfe für Feuerwehranzüge, Tauchausrüstungen, automatische Werkzeuge und Kühlung von Spezialkleidung
Strukturforschung	Modelle und Analysen; Schwingungsdämpfung für Gebäude, Brücken, Flugzeuge und andere Konstruktionen
Materialien für Raumfahrzeuge	leichtgewichtige Sauerstofftanks; korrosionsfreie Röhren; selbsterneuernde Farbanstriche; Solarzellen; Schmierung mechanischer Komponenten
Kommunikationstechnik	wirtschaftlicher Bedarf an neuer Technologie, um die Führungsposition bei der weltraumgestützten Kommunikation beizubehalten
Informationssysteme	Schutz von Elektronik vor Strahlung, für die zivile und militärische Luft- und Raumfahrt
Handhabung von Flüssigkeiten und Gasen	Strömungserscheinungen; langfristige Lagerung; Tieftemperaturforschung; Oberflächenspannung und Kapillareffekte

WERKSTOFF-FORSCHUNG

Gußprozesse	Herstellung fehlerfreier Gußstücke für technische Präzisionsbauteile, insbesondere von Drehteilen und Kugellagern
Schaummetalle	leichtgewichtiges, hochfestes Aluminium und andere Metalle für die Luft- und Raumfahrtindustrie
neue Legierungen	Metalle aus neuen Legierungskombinationen, die auf der Erde wegen Konvektionseffekten beim Gießen nicht hergestellt werden können

POLYMERE UND CHEMIE

Depot-Wirkung	neue Technik für die zeitlich gesteuerte Dosierung von Medikamenten und Durchführung von Hormonbehandlungen
Diffusion	Untersuchungen der grundlegenden Physik der Diffusion ohne störende Konvektionserscheinungen
Polymerisation	Erforschung der »schwachen« atomaren Kräfte bei Polymerisationsprozessen

STRÖMUNGSPHYSIK

Arbeiten ohne Behälter	Prüfung von Verfahren zur Handhabung von flüssigen, gasförmigen und im Übergangszustand befindlichen Stoffen ohne die Wände eines Behälters
Wärmeübertragung	Untersuchung der Wärmeübertragung in Flüssigkeiten und Gasen ohne Einfluß von Konvektion
Untersuchungen der Viskosität	Untersuchung der chemischen und technischen Folgen feiner Oberflächenspannungserscheinungen
Phasenübergänge	Erforschung der Erscheinungen beim verbrennungsfreien Phasenübergang von Flüssigkeiten und Gasen; Gefrieren; Verdampfung; Kondensation

DAS EINHOLEN DER LADUNG. Raumfährenflüge sind kompliziert und teuer. Es müssen billigere, einfachere Methoden zum Transport von Ladungen zur Raumstation und zurück entwickelt werden. Transportkosten sind das Haupthindernis für Rentabilität im Weltraum. Diese Illustration zeigt ein mögliches »Orbit-Transfer-Fahrzeug« (OTF), das Nutzlasten in einer mit einem Schutzschild versehenen Wiedereintrittskapsel zurückbringen könnte. Sowohl NASA als auch ESA möchten bemannte und unbemannte OTFs entwickeln.

rer Weise darauf, Raumstationsforschung auf das Gesundheitswesen und auf biotechnische Verfahren auf der Erde anzuwenden. Ingenieure werden das dynamische Verhalten der Station selbst untersuchen, um etwas über Resonanzerscheinungen, Stoßdämpfung, Wärmeleitung und Frachtverteilung zu lernen, die allesamt in der herkömmlichen Luft- und Raumfahrttechnik angewandt werden können. Mit Blick auf die Zukunft werden die NASA und andere große Weltraumbehörden Datenbänke anlegen, die dazu beitragen, die nächste Generation von Raumfahrzeugen leistungsfähiger zu machen. Die Nutzen der Raumstationsforschung versprechen umfangreich und vielfältig zu sein, aber sind sie 20 Milliarden Dollar wert? Das alles hängt davon ab, wie man »wert« definiert.

WARUM EINE RAUMSTATION BAUEN?

Die Privatindustrie hat sich Zeit gelassen mit der Beteiligung an der Finanzierung eines Laboratoriums im Weltraum. Das ist der Grund, warum zunächst Steuerzahler aus aller Welt über die verschiedenen Weltraumbehörden ihrer Regierungen die Hauptlast zu tragen hatten. Jetzt, wo die Raumstation Fortschritte macht und wissenschaftliche Nutzlasten entwickelt werden, sind zahllose Institutionen sehr interessiert, sich an Forschungsprojekten zu beteiligen. In Amerika stimmen über 600 Wissenschaftler Zeitpläne für Experimente mit 35 großen industriellen Forschungsfirmen und mehr als 80 Universitäten und Bildungseinrichtungen ab. Für 1800 Experimente sind bereits detaillierte Anträge ausgearbeitet. Bedenkt man, daß – ihren Kritikern zufolge – niemand außer der NASA überhaupt je wirklich eine Raumstation wollte, so scheinen jetzt, wo das Projekt läuft, recht viele durchaus sehr daran interessiert zu sein. Allerdings haben geachtete Wissenschaftler aus aller Welt viel Zeit darauf verwendet, die Kosten der Raumstation zu kritisieren und darauf hinzuweisen, daß mit automatischen Satelliten oder sogar am Boden bessere Experimente billiger durchgeführt werden können. Das beste Argument zugunsten der Raumstation lautet, daß 20 Milliarden Dollar nicht allzu viel Geld sind. Zum Beispiel betrug der amerikanische Verteidigungshaushalt für 1995 allein 252 Milliarden Dollar.

Eine andere Betrachtungsweise ist folgende: Eine Raumstation wird jeden Steuerzahler etwa 9 Dollar im Jahr kosten. Allerdings können 20 Milliarden Dollar nicht einfach so zum Spaß ausgegeben werden. Arbeitsplätze, Politik, internationale diplomatische Beziehungen und die Aussichten auf medizinische Forschung sind zwar alles entscheidende Stücke im Raumstationspuzzle, aber keiner dieser Faktoren erklärt, warum der Bau ursprünglich überhaupt beschlossen wurde.

Nachdem die wissenschaftliche Nutzung der Station Vorrang hat, sind mögliche Störungen der Mikrogravitation durch Schwerlastaktivitäten wie den Bau von Mondfähren und Marsschiffen neben der Station unerwünscht. Dies ist unvermeidlich und wahrscheinlich auch richtig so. Man erwartet von der Raumstation, daß sie sich bezahlt macht und greifbaren Nutzen für die Steuerzahler liefert, die ihre Kosten tragen. Aber all die wissenschaftlichen und wirtschaftlichen Rechtfertigungen, die seit der Ankündigung des früheren Präsidenten Reagan im Jahre 1984 vorgebracht wurden, sind eben genau das: Rechtfertigungen für ein Projekt, das ursprünglich auf abstrakten Gefühlen statt strengen, logischen Erfordernissen beruhte.

Derselbe Triumph von Emotionen über den Verstand gilt für die gesamte Geschichte der bemannten Raumfahrt – von den Theoretikern, die zeigten, daß sie möglich war, bis zu den Politikern, die ihre Kosten genehmigten. 1969 versuchte der Schriftsteller Norman Mailer, die Bedeutung des Apollo-Mondprojekts zu erfassen. In seinem Buch »*A Fire on the Moon*« kommt er zu dem Schluß: »Zum ersten Mal in der Geschichte hat sich eine gewaltige technologische Bürokratie einem surrealistischen Abenteuer verschrieben, das heißt, daß die Bedeutung der vorgeschlagenen Tat für jeden ersichtlich war, aber niemand ihre Logik erklären konnte.«

Ein großes Weltraumprojekt wird natürlich immer die in die Zukunft blickende Phantasie anregen. Gefühlsmäßig scheint eine fortgesetzte Expansion in den Weltraum eine gute und erstrebenswerte Sache für die Menschheit zu sein. Aber es bleibt die außergewöhnliche Tatsache, daß die bevorstehende Raumstation zwar das komplizierteste und teuerste internationale Gemeinschaftswerk darstellt, das je in Friedenszeiten in Angriff genommen wurde, ihr unmittelbarer wissenschaftlicher, politischer, wirtschaftlicher und strategischer Wert aber nach wie vor vage ist. Möglicherweise »zahlt« sich die Station – im praktischen, finanziellen Sinne dieses Wortes – nicht aus. Dieses eine Mal scheinen wir dem Gefühl eines kollektiven kosmischen Schicksals den Vorrang vor unseren mehr irdischen Belangen zu geben. Vielleicht ist der beste Grund, die Raumstation zu bauen, einfach der zu beweisen, daß wir es können und daß so viele Nationen in der Lage sind, harmonisch an einem gemeinsamen Großprojekt zu arbeiten. Wenn die Station ein wirklich erfolgreiches Beispiel globaler Zusammenarbeit liefert, zur Ermutigung und zum Ansporn zukünftiger Generationen, dann sind die 20 000 000 000 Dollar sehr gewinnbringend angelegt.

VERGANGENHEIT UND ZUKUNFT

Die heutige Raumstation verdankt ihre Entstehung Ideen aus einer Zeit, lange bevor die ersten Raketen gebaut, geschweige denn in die Umlaufbahn geschossen wurden. Im folgenden sollen einige Schlüsselideen vorgestellt werden. Wie sieht die Zukunft aus? Werden wir eines Tages noch größere Stationen bauen? Werden wir Strom von der Sonne erzeugen, Hotels in der Umlaufbahn bauen oder gar künstliche neue Welten errichten, um dort zu leben?

EINE WELT IM WELTRAUM. Dieser riesige rotierende Zylinder bietet 10 000 Menschen Platz. Sie befinden sich nicht auf Dienstreise, sie leben hier auf Dauer. Dieses Konzept beruht auf den Arbeiten von Gerard K. O'Neill aus den siebziger Jahren.

VERGANGENHEIT UND ZUKUNFT

Die erste Beschreibung einer »Weltraumstation« geht vermutlich, zumindest in der Literatur, auf den amerikanischen Schriftsteller Edward Everett Hale zurück. 1869 veröffentlichte er eine Geschichte mit dem Titel *»The Brick Moon«* (»Der Backstein-Mond«), in der er eine Backsteinkugel von 60 Metern Durchmesser beschreibt, die zwischen zwei riesigen, rotierenden Schwungrädern in den Weltraum katapultiert wird. Sie ist als Leuchtfeuer gedacht, ein reflektierendes Leuchtsignal am Himmel, das von Schiffen auf hoher See beobachtet und als Bezugspunkt bei der Navigation und Zeitmessung benutzt werden kann. Als die Kugel in den Weltraum geschleudert wird, befinden sich versehentlich einige ihrer Erbauer an Bord. Mit Hilfe eines optischen Spiegeltelegraphs teilen sie ihre mißliche Lage mit. Unten auf der Erde werden daraufhin die Schwungräder erneut angeworfen, um Lebensmittel und Vorräte zu den gestrandeten Arbeitern hinaufzusenden.

DIE RÄDER ZUM DREHEN BRINGEN

In den zwanziger Jahren unseres Jahrhunderts schritt die Theorie der Astronautik rasch voran. Raketenpioniere wie Robert Goddard in Amerika oder Hermann Oberth und Willy Ley in Deutschland erkannten die Möglichkeit von Raumstationen, aber der erste sorgfältig bis ins einzelne ausgearbeitete Konstruktionsvorschlag erschien in Hermann Noordungs Buch *»Das Problem der Befahrung des Weltraums«* (1928).

Über Noordung selbst ist heute nur sehr wenig bekannt, aber sein Vorschlag für eine Raumstation hat in all seinen vorausschauenden Details überlebt. Er beschrieb ein »Wohnrad«, dessen langsame Rotation eine künstliche Gravitation für seine Besatzung schafft. Luftschleusen und Sicherheitsschotten sind alle miteingeplant, ebenso ein riesiger Parabolspiegel, der Sonnenlicht zur Energieerzeugung sammelt und fokussiert. Die Andockluke rotiert mit derselben Geschwindigkeit wie die Station, aber in umgekehrter Richtung, so daß sie ihre Lage relativ zum Horizont beibehält. So können Raketenfähren ankoppeln, ohne sich selbst drehen zu müssen. Noordungs Station sollte als astronomisches Observatorium und Navigationsleuchtfeuer dienen.

Noordung sagte vorher, daß die Schwerelosigkeit den menschlichen Gleichgewichtssinn durcheinanderbringen, aber auch eine ideale Umgebung für neuartige wissenschaftliche Forschungen bieten würde. Sein Entwurf beeinflußte eine ganze Generation von Raumfahrtingenieuren, darunter auch Wernher von Braun, dessen radförmige Raumstation, die 1952 in *Collier's* abgebildet wurde, vom Konzept her und in ihrem Aussehen bemerkenswert ähnlich war.

NOORDUNGS RAD.
Die erste je veröffentlichte Zeichnung einer Raumstation, erschienen in Hermann Noordungs Buch *»Das Problem der Befahrung des Weltraums«* (1928). Es gibt einen Aufzugschacht, gesichert durch zwei gewundene Treppen. Die gesamte Struktur wird durch Speichen gegen die Belastungen durch Zentrifugalkräfte gestützt, genau wie bei einem Fahrradrad.

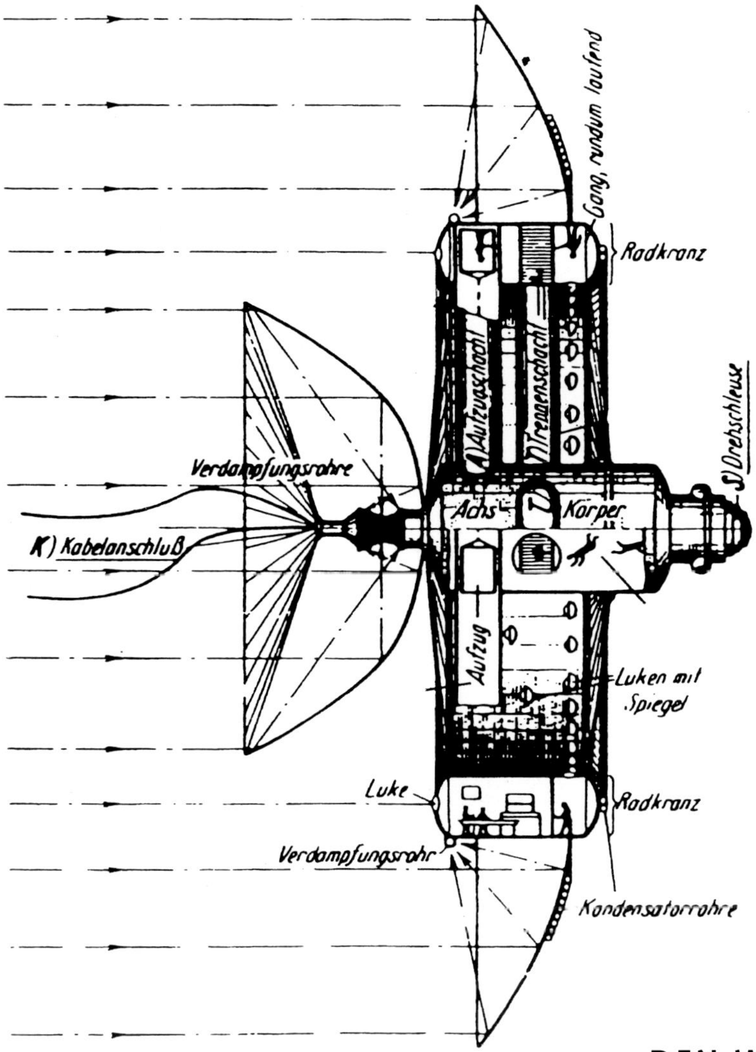

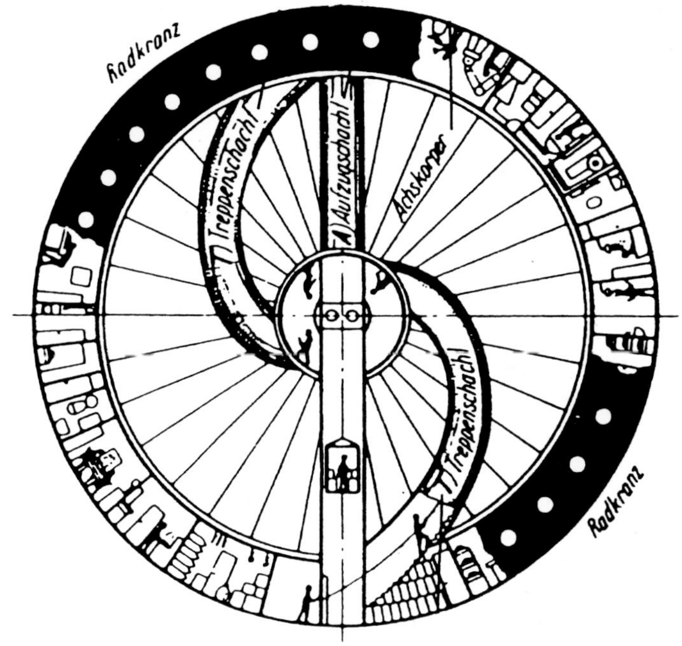

DEN WELTRAUM RENTABEL MACHEN

Anfang der vierziger Jahre arbeitete Arthur C. Clarke an der Entwicklung von Radionavigationssystemen für alliierte Flugzeuge mit, die von ihren Bombenangriffen über Deutschland zurückkehrten. Ende des Krieges erkannte Clarke, daß sein Traum von der Raumfahrt nicht verwirklicht werden konnte, wenn nicht Regierungen und industrielle Investoren von deren wirtschaftlichem Nutzen überzeugt wurden. Im Oktober 1945 veröffentlichte er einen Artikel in der Elektronik-Zeitschrift *Wireless World*, in dem er die wesentlichen Grundzüge des modernen Konzepts geostationärer Kommunikationssatelliten beschrieb. Der einzige Unterschied zwischen Clarks Ideen von 1945 und dem weltweiten Netzwerk, wie wir es heute vorfinden, besteht darin, daß er von der sehr sperrigen und unzuverlässigen Radioausrüstung der vierziger Jahre ausging. Er meinte, daß seine »Extraterrestrischen Relaisstationen« von menschlichen Ingenieuren gewartet werden müßten. Mit anderen Worten, es wären dauerhaft bemannte Raumstationen.

Clarke war führendes Mitglied der »British Interplanetary Society« (BIS). Diese 1933 gegründete Organisation, deren Mitglieder zwar Amateure sind, aber ein großes Fachwissen besitzen, ist nach wie vor eine der einflußreichsten Studiengruppen auf dem

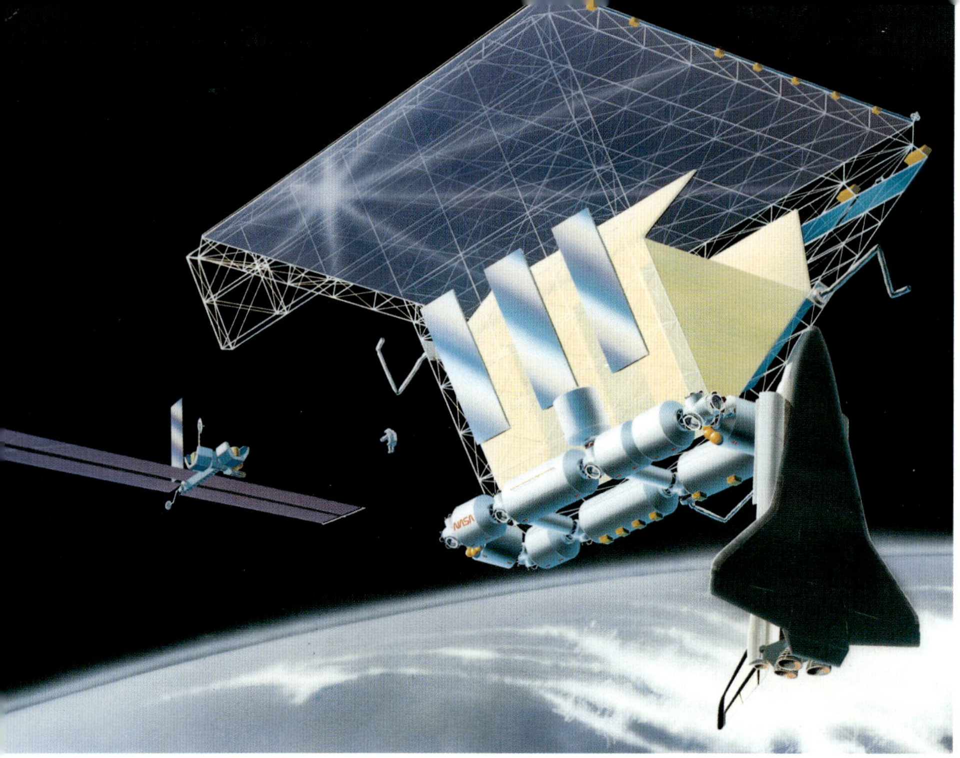

PLATTFORM ZUR STROMVERSORGUNG IM KLEINEN.
Diese Vorstellung einer von Raumfähren versorgten Raumstation aus dem Jahr 1982 zeigt ein Gebilde, das von einer großen Solarzellenfläche beherrscht wird. Diese könnte für Experimente zur Stromerzeugung aus Sonnenstrahlung benutzt werden. Selbst ein Kraftwerk dieser Größe würde jedoch nur einen unbedeutenden Beitrag zu unserem Strombedarf hier unten auf der Erde liefern.

Gebiet der Astronautik. 1939 zeigte die BIS, daß es möglich war, mit der damals bereits verfügbaren Technologie eine Rakete zum Mond zu entsenden. 1946 hatten Clarkes Kollegen Harry Ross und Ralph Smith eine rotierende Raumstation ähnlich der von Noordung ersonnen, eine detaillierte Version der Plattform, wie sie sich Clarke als Kommunikationsrelais vorgestellt hatte, komplett mit einem Radioraum, einer kleinen Bücherei, einer Küche, einem Operationssaal, Kabinen für die Mannschaft, einem Büro für den Chefingenieur und getrennten Räumen für den Direktor der Station.

STROM VON DER SONNE

Clarkes Ideen mögen zumindest teilweise durch das Aufkommen miniaturisierter Elektronik überflüssig geworden sein, aber eine andere praktische Nutzanwendung für Raumstationen gäbe es weiterhin: Mit riesigen Flächen könnte Sonnenenergie gesammelt, in Strom umgewandelt und zur Erzeugung eines Mikrowellenstrahls verwendet werden. Auf der Erde würden Mikrowellen-Schüsselantennen die abgestrahlte Energie aufsammeln und wieder in verwendbare Elektrizität zurückverwandeln.

Der Vorteil dieser Idee liegt darin, daß die Sonnenenergie kostenlos und unbegrenzt ist. Die Technologie für ein Weltraumkraftwerk existiert bereits. Die Nachteile sind jedoch entmutigend. Um wirklich signifikant zum Strombedarf der Erde beizutragen, bräuchte ein Weltraumkraftwerk eine Fläche von mehreren Quadratkilometern, wodurch der Vorteil des Baus einer so großen und teuren Anlage im Vergleich zu den potentiellen Energieeinsparungen in Frage gestellt wird. Für die Einrichtungen am Boden gibt es theoretisch zwei Modelle – eine kleine Empfängerschüssel, die einen enorm starken und konzentrierten Mikrowellenstrahl auffängt, oder eine große Fläche mit Schüsseln, die einen schwachen, weit aufgefächerten Strahl aufsammeln.

Die erste Version mit ihrem sehr schlanken Strahl ist gefährlich. Was passiert, wenn der Strahl von seinem Ziel abweicht? Er würde alles kochen, was ihm in den Weg käme. Die Alternative, die Mikrowellen gefahrlos über ein weites Gebiet zu verteilen, ist umweltmäßig ebensowenig wünschenswert. Hunderte, vielleicht Tausende Quadratkilometer der Erdoberfläche müßten für Empfängerschüsseln zur Verfügung gestellt werden. Aber die Frustration der Solarexperten ist verständlich. Es ist zu schade, daß wir die Sonne nicht besser zur Stromerzeugung auf dem Boden nutzen können.

DIE KOLONISATION DES WELTRAUMS

Der Begriff »Raumstation« beschwört das Bild einer Metallkabine herauf, etwa so groß wie ein dreistöckiges Haus, mit einer ausgewählten Gruppe von Technikern als Besatzung, oder vielleicht auch eines der Noordungschen oder von Braunschen »Wohnräder« mit einigen hundert Meter Durchmesser und einigen Dutzend Besatzungsmitgliedern an Bord. Aber einige bekannte Theoretiker haben sich riesige Stationen vorgestellt, die größer sind als viele Städte auf der Erde und eher sozialen statt wissenschaftlichen Zwecken dienen. Große Teile der Bevölkerung könnten, dieser Theorie zufolge, außerhalb der Erde leben.

Der große russische Raumfahrtpionier Konstantin Ziolkowski (der seit den achtziger Jahren des 19. Jahrhunderts bis zu seinem Tod 1935 an detaillierten Ideen über Raketen arbeitete) schlug 1903 einen riesigen, bewohnbaren Zylinder vor, der um seine Achse rotiert und ein Gewächshaus mit einem autarken ökologischen System enthält. Und in seinem Roman »*The World, the Flesh and the Devil*« (1929) ersann J. D. Bernal die »Bernal-Sphären«, autarke »Weltenschiffe«, die viele tausend Einwohner aufnehmen konnten.

Diese kolossalen Pläne wurden in den siebziger Jahren von Gerard K. O'Neill, einem Professor an der Princeton University, erneut aufgegriffen. In der Folge der Apollo-Mondlandung 1969 schlug O'Neill riesige Kolonien im Weltraum als einen Weg vor, die Überbevölkerung auf der Erde zu mindern. Die Gebilde sollten etwa 3 Kilometer lang sein und aus Material gebaut werden, das in Mondfabriken hergestellt wird. Zunächst waren O'Neills Ideen hauptsächlich als theoretische Übungen gedacht, um die Vorstellungskraft seiner Physikstudenten zu erweitern. Aber das Thema Weltraumkolonien traf damals mit seinen detaillierten Untersuchungen geschlossener ökologischer Systeme – eine drängende Frage für Umweltschützer – einen zentralen Nerv. Besonders populär war O'Neills Vorschlag, daß die gesamte Schwerindustrie und Energieerzeugung in den Weltraum verlegt werden solle, um die Erde vor den Belastungen der Umweltverschmutzung zu bewahren.

Kleinere Versionen von O'Neills Weltraum-Welt werden möglicherweise schon bald als Ausflugsziele für Touristen gebaut werden. Es wären nur ein paar hundert reiche Urlauber pro Jahr nötig, um ein kleines Hotel in der Umlaufbahn rentabel zu machen – vorausgesetzt, ein geeignetes, sicheres Transportmittel für Passagiere wäre bereits verfügbar. Die Entwicklung eines echt wiederverwendbaren und Treibstoff sparenden Weltraum-Transportsystems stellt heute das letzte große Weltraumneuland dar. Wenn ein Flug in den Weltraum nicht mehr teurer oder gefährlicher ist, als an Bord einer Boeing 747 den Atlantik zu überqueren, dann beginnt die Zukunft.

DIE LÖSUNG DES FALSCHEN PROBLEMS

Rotation war ein Lieblingsthema vieler Raumstationstheoretiker, von Ziolkowski 1903 bis O'Neill 70 Jahre später. Die Drehung würde eine künstliche Schwerkraft erzeugen. Das derzeitige Ideal ist jedoch, die schwerelose Umgebung nicht zu beseitigen, sondern sie zu nutzen, um wertvolle wissenschaftliche Tätigkeiten durchzuführen, die auf der Erde unmöglich sind. Wo einst die langsame Rotation einer Raumstation als Weg angesehen wurde, das Leben für die Besatzung mehr oder weniger erträglich zu machen, stellt heute die totale Schwerelosigkeit die Hauptrechtfertigung für den Bau einer Station dar. Dies ist die eigentliche Erklärung dafür, warum Skylab, Mir und jetzt die Internationale Raumstation Alpha so gar nicht den Visionen der ersten Weltraumtheoretiker gleichen.

Einige der alten Träume scheinen jedoch wahr zu werden. Diejenigen, die durch die scheinbar langsame Entwicklung unseres Engagements im Weltraum seit den glorreichen Tagen von Apollo frustriert sind, mögen sich durch eine interessante und einfache Statistik trösten lassen: Heute fliegen mehr Menschen jedes Jahr in den Weltraum als während der ganzen sechziger Jahre, dem vermeintlichen »Höhepunkt« des Weltraumzeitalters. Wenn wir auch mit Störungen und vielleicht auch einigen leichten Verschiebungen im Zeitplan für den Zusammenbau bis zum Jahr 2003 rechnen müssen, so wird die Station doch gebaut werden, und Menschen werden dauerhaft in der Umlaufbahn sein.

Die wirkliche Frage muß lauten: Gehen wir weiter in den Weltraum hinaus?

EINE BRITISCHE KONSTRUKTION. Ralph Smiths Zeichnung einer rotierenden Raumstation aus dem Jahr 1946, die er für die British Interplanetary Society anfertigte, ist sehr detailliert.

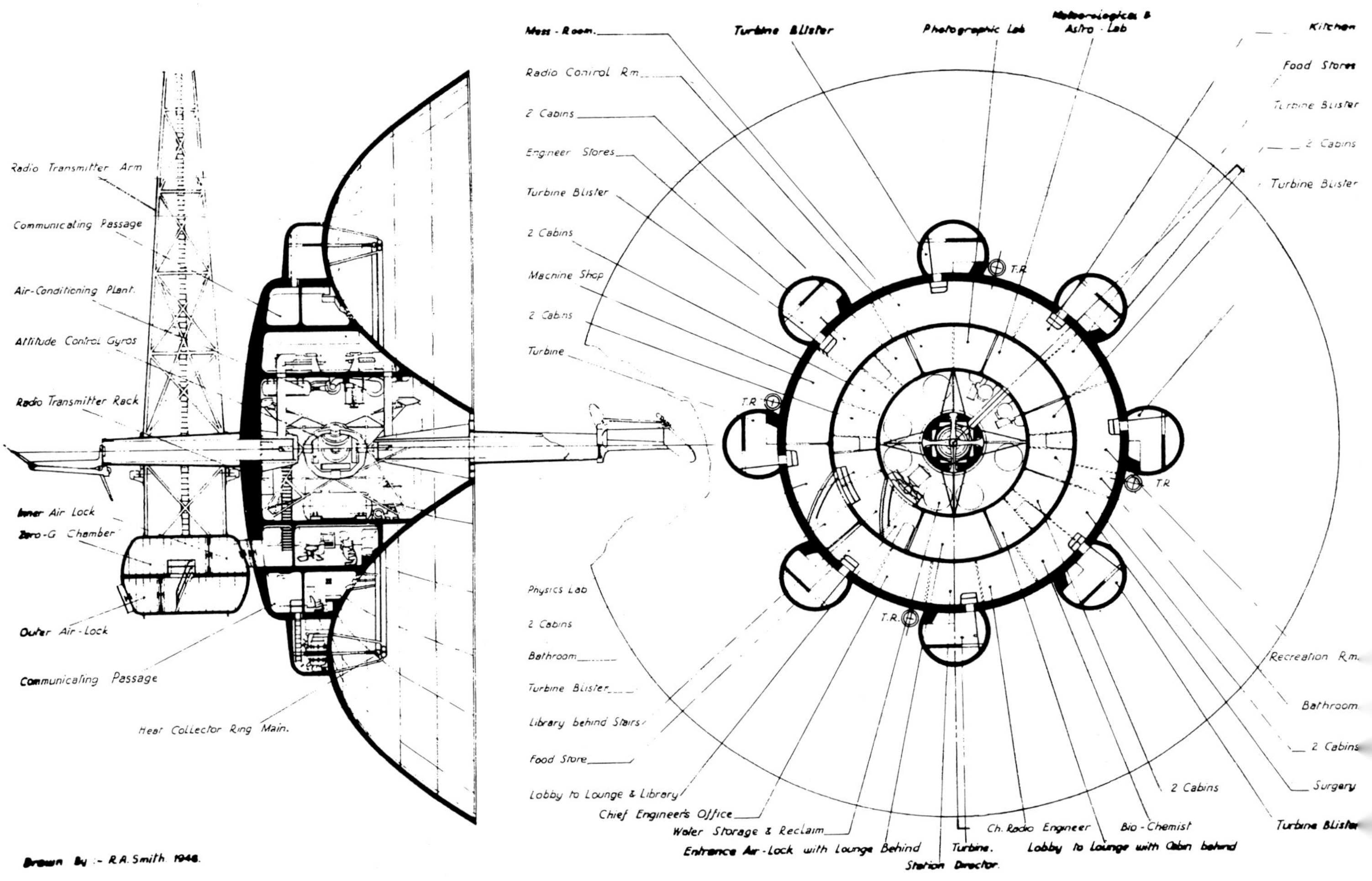

Atlantis
USA

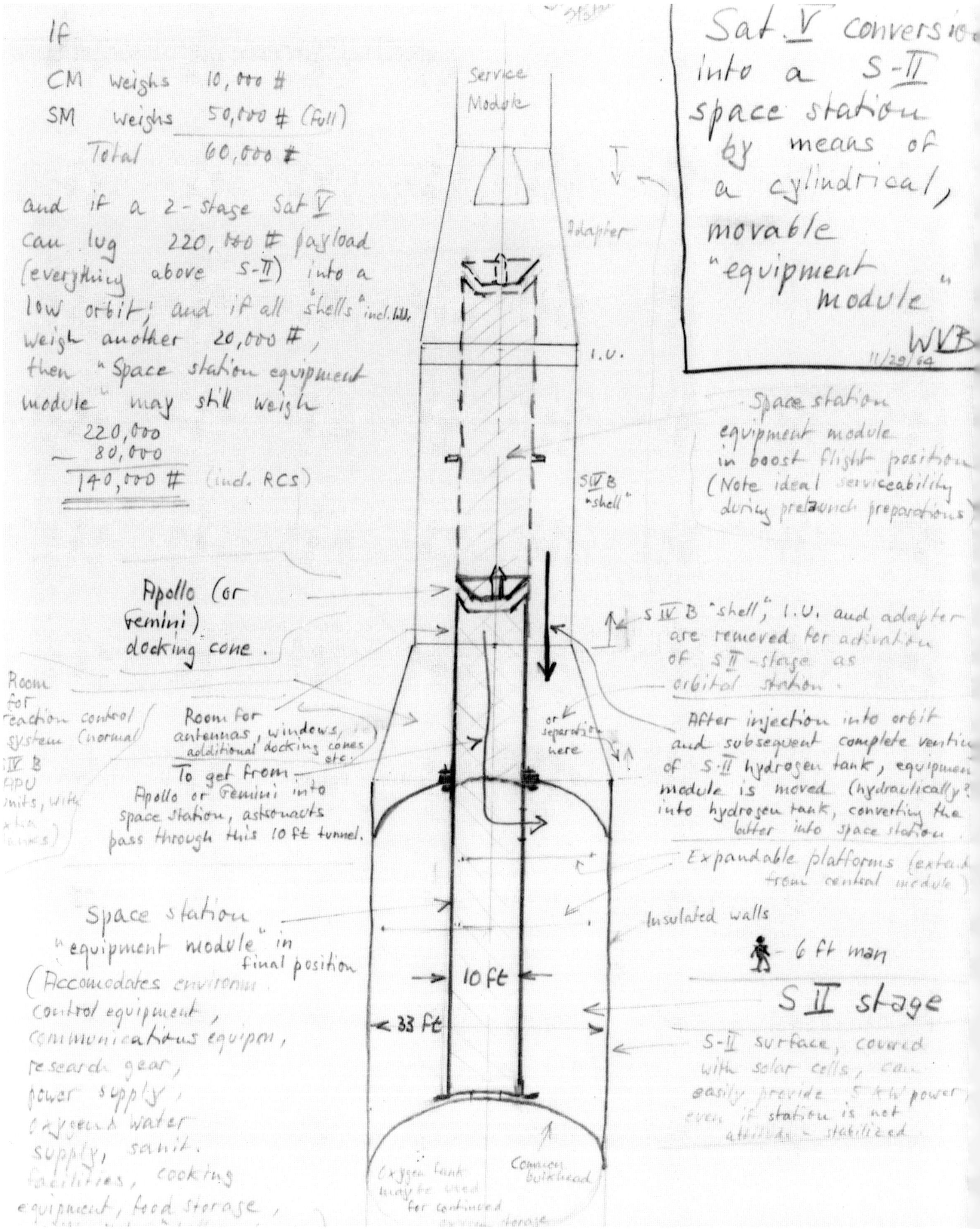
Sat. V conversion into a S-II space station by means of a cylindrical, movable "equipment module"
WVB
11/29/64
If
CM weighs 10,000 #
SM weighs 50,000 # (full)
Total 60,000 #
and if a 2-stage Sat V can lug 220,000 # payload (everything above S-II) into a low orbit; and if all "shells" incl. I.U. weigh another 20,000 #, then "Space station equipment module" may still weigh
220,000
− 80,000
140,000 # (incl. RCS)
Service Module
Adapter
I.U.
SIVB "shell"
Space station equipment module in boost flight position (Note ideal serviceability during prelaunch preparations)
Apollo (or Gemini) docking cone.
S IV B "shell", I.U. and adapter are removed for activation of S II-stage as orbital station.
Room for reaction control system (normal S IV B APU units, with extra tanks)
Room for antennas, windows, additional docking cones etc.
or separation here
To get from Apollo or Gemini into space station, astronauts pass through this 10 ft tunnel.
After injection into orbit and subsequent complete venting of S-II hydrogen tank, equipment module is moved (hydraulically?) into hydrogen tank, converting the latter into space station.
Expandable platforms (extend from central module)
Insulated walls
6 ft man
S II stage
Space station "equipment module" in final position
(Accomodates environm. control equipment, communications equipm., research gear, power supply, oxygen & water supply, sanit. facilities, cooking equipment, food storage,
10 ft
33 ft
S-II surface, covered with solar cells, can easily provide 5 kW power, even if station is not attitude-stabilized
Oxygen tank may be used for continued storage
Common bulkhead

LITERATUR

AUSGEWÄHLTE ENGLISCHE LITERATUR

Across the Space Frontier.
Cornelius Ryan (Hrsg.), New York: Viking, 1952 (beruht auf den Artikeln in *Collier's*, einschließlich Bonestells Gemälden)

Conquest of the Moon.
Cornelius Ryan (Hrsg.), New York: Viking, 1953 (beruht auf den Artikeln in *Collier's*, ebenfalls illustriert)

Blueprint for Space.
Frederick I. Ordway, Randy Lieberman, Washington: Smithsonian Institution Press, 1992 (Wetraumtheorien, bekannte Gemälde, entwickelt aus einer größeren Wanderausstellung)

Apollo: The Race to the Moon.
Charles Murray, Catherine Bly Cox, New York: Simon und Schuster, 1989 (ausgezeichneter, unterhaltsamer Bericht über die Mondlandungen, den Bau von Apollo und Saturn sowie die Arbeitsmethoden der NASA)

Powering Apollo: A Biography of James Webb.
W. Henry Lambright, Baltimore: Johns Hopkins University Press, 1995 (eine Analyse der NASA aus der Sicht Webbs)

A House in Space.
Henry S. F. Cooper Jnr., New York: Holt Rinehart und Winston, 1977 (unterhaltsamer Bericht über das Leben auf Skylab, ursprünglich eine Artikelserie für das Magazin New Yorker)

Spacelab: An International Success Story.
Douglas B. Lord, Washington: GPO, NASA SP-487, 1987 (vollständige Dokumentation der Kooperation zwischen NASA und ESA)

The Space Station: A Personal Journey.
Hans Mark, Durham, NC: Duke University Press, 1987 (Marks Erfahrungen in der NASA)

Space Station: Policy, Planning and Utilization.
Mireille Gerard, Pamela Edwards, New York: American Institute of Aeronautics and Astronautics, 1983 (bevollmächtigter Bericht über offizielle Raumstationspolitik)

Keeping the Dream Alive: Managing the Space Station Program, 1982–1986.
Thomas J. Lewin, V. K. Narayanan, NASA Contractor Report 4272, 1990 (Einzelheiten über die Hodge-Arbeitsgruppe usw.)

Together in Orbit: The Origins of International Participation in Space Station Freedom.
John Logsdon, Washington: Space Policy Institute, George Eashington University, 1991 (unschätzbar wertvoller Bericht über die Ursprünge des Raumstationsprogramms)

The Illustrated Encyclopedia of Space Technology.
Kenneth Gatland, London: Salamander (überarbeitete Aufl. 1989) (vollständige technische Details der Hardware von 1957 –1989)

NASA: A History of the Civil Space Program.
Roger D. Launius, Malaba: Krieger, 1994 (Überblick über die gesamte bisherige Geschichte der NASA)

The Heavens and the Earth: A Political History of the Space Age.
Walter A. McDougall, New York: Basic Books, 1985 (die Verbindungen zwischen Weltraumunternehmungen und Politik)

AUSGEWÄHLTE DEUTSCHE LITERATUR (nach Erscheinungsjahr geordnet)

Auf zwei Planeten.
Kurd Laßwitz (1897), Frankfurt/Main: H. Scheffler, 1969

Die Rakete zu den Planetenräumen.
Hermann Oberth, München: R. Oldenbourg, 1923

Die Möglichkeit der Weltraumfahrt.
Willy Ley, Leipzig: Hachmeister & Thal, 1928

Das Problem der Befahrung des Weltraums.
Hermann Noordung, Berlin: Verlag C. H. Schmidt & Co., 1928

Station im Weltraum.
Wernher von Braun, Frankfurt/Main: S. Fischer, 1953

Weltraumfahrt, Möglichkeiten und Grenzen.
Werner Büdeler, Gütersloh: Bertelsmann Verlag, 1965

Bemannte Raumfahrt.
Wernher von Braun, Frankfurt/Main: S. Fischer, 1968

Die Sterne rücken näher.
2 Bände, Gütersloh: Bertelsmann Verlag, 1968

Apollo 8 – Aufbruch ins All. Der Report der ersten Mondumkreisung.
Jesco von Puttkamer, München: Wilhelm Heyne, TB 130 1969

Projekt Apollo.
Werner Büdeler, Gütersloh: Bertelsmann Verlag, 1969

Columbia, hier spricht Adler! Der Report der ersten Mondlandung.
Jesco von Puttkamer, Weinheim: Verlag Chemie, 2. Aufl. 1970

Raumstationen.
Jesco von Puttkamer, Weinheim: Verlag Chemie, 1971

Skylab, das Himmelslabor.
Werner Büdeler, Düsseldorf: Econ, 1973

Geschichte der Raumfahrt.
Werner Büdeler, Künzelsau: Sigloch, 1979

Flug ins All.
Ulf Merbold, Bergisch Gladbach: Lübbe, 1989

Bemannte Raumfahrt. 30 Jahre Menschen im All.
Torsten Block, Goslar: Block, Th, 1992

Die Zukunft im All. Welche Perspektiven hat die Raumfahrt?
Roy Gibson, Stuttgart: Trias, 1994

Space Shuttle – die ersten 50 Missionen.
Torsten Block, Goslar: Block, Th, 1994

Leben und Arbeiten im All. Gedanken – Ziele und Vorschläge aus dem Bereich der Architektur und Stadtplanung.
Christian K. Gruber, Berlin: Wissenschaft und Technik, 1996

Jahrtausendprojekt Mars. Chance und Schicksal der Menschheit.
Jesco von Puttkamer, München: Langen-Müller, 1996

Der rote Orbit. Glanz und Elend der russischen Raumfahrt.
Harro Zimmer, Stuttgart: Franckh-Kosmos, 1996